# DAS SAATGUT-SAMMEL-BOOKLET



BECKY SEARLE

# INHALT



*In Erinnerung an Robin Pedder-Smith 1979–2024*

# Sammeln, säen und anbauen

Willkommen in der Welt des Saatgutsammelns! Mit diesem Set lernst du, wie man die Samen von Gartenpflanzen gewinnt und aus ihnen neue Pflanzen zieht. Das eigene Saatgut zu sammeln, wird deine Art zu gärtnern verändern, und du wirst die Pflanzen, die du selber ziehst, neu zu schätzen wissen.

Die beigelegten Tütchen werden dir dabei helfen, eine Pflanzensammlung anzulegen und die uralte Kunst der Saatgutgewinnung fortzuführen. Die Pflanzen in diesem Set wurden sowohl wegen ihrer Schönheit ausgewählt als auch, um dir einen Überblick über die verschiedenen Pflanzenarten und Samen sowie die unterschiedlichen Methoden der Saatgutgewinnung zu geben. Die kunstvollen Illustrationen zeigen die vielen verschiedenen Samengrößen und -formen sowie die erwachsenen Pflanzen, zeigen dir also den Lebenszyklus all dieser Gewächse. Mithilfe der Karten kannst du Pflanzen bestimmen, besser kennenlernen und herausfinden, was in deiner Umgebung alles wächst.

Du wirst hier auch einigen weniger bekannten Pflanzen begegnen – damit möchten wir dir das weite Spektrum der Saatgutgewinnung verdeutlichen und dich ermutigen, mit verschiedenen Pflanzen zu experimentieren. Die Karten in diesem Set bilden bei weitem keine abgeschlossene Liste. Je mehr Übung du bekommst, desto geübter wirst du bei der Saatgutgewinnung und kannst die Liste mithilfe der Trial-and-Error-Methode fortschreiben.

# Die Karten

**KÜCHENGARTEN**

- Tomate *Solanum lycopersicum*
- Aubergine *Solanum melongena*
- Blumenkohl
  *Brassica oleracea* var. *botrytis*
- Pastinake *Pastinaca sativa*
- Radieschen *Raphanus sativus*
- Mangold *Beta vulgaris* subsp. *vulgaris*
- Chili *Capsicum annuum*
- Kohlrabi
  *Brassica oleracea* var. *gongylodes*
- Gartenkürbis *Cucurbita pepo*
- Physalis *Physalis peruviana*
- Möhre *Daucus carota* subsp. *sativus*
- Kapuzinererbse
  *Pisum sativum „Blauwschokker“*
- Feuerbohne *Phaseolus coccineus*
- Zuckermais
  *Zea mays* convar. *saccharata*
- Okra *Abelmoschus esculentus*
- Zwiebel *Allium cepa*
- Schnittlauch *Allium schoenoprasum*
- Artischocke
  *Cynara cardunculus* var. *scolymus*
- Wald-Erdbeere *Fragaria vesca*

## BLUMENGARTEN

- Sonnenblume *Helianthus annuus*
- Zinnie *Zinnia elegans*
- Pfingst-Veilchen *Viola sororia*
- Klatschmohn *Papaver rhoeas*
- Kapuzinerkresse *Tropaeolum majus*
- Kosmee *Cosmos bipinnatus*
- Purpur-Prunkwinde *Ipomea purpurea*
- Garten-Fuchsschwanz *Amaranthus caudatus*
- Rainfarn-Phazelie *Phacelia tanacetifolia*
- Kornblume *Centaurea cyanus*
- Purpur-Sonnenhut *Echinacea purpurea*
- Akelei *Aquilegia vulgaris*
- Chinesische Wiesenraute *Thalictrum delavayi*
- Virginischer Tabak *Nicotiana tabacum*
- Chinesischer Blauregen *Wisteria sinensis*
- Schmalblättrige Studentenblume *Tagetes tenuifolia*
- Rittersporn *Delphinium* sp.
- Roter Fingerhut *Digitalis purpurea*
- Atlantisches Hasenglöckchen *Hyacinthoides non-scripta*
- Scharlach-Fuchsie *Fuchsia magellanica*
- Erdnusskaktus *Echinopsis chamaecereus*
- Trompetenkrug-Pflanze *Sarracenia smoorii*
- Wald-Vergissmeinnicht *Myosotis sylvatica*
- Sternwinde *Ipomoea lobata*
- Duftwicke *Lathyrus odoratus*
- Glockenrebe *Cobaea scandens*
- Bartnelke *Dianthus barbatus*
- Acker-Witwenblume *Knautia arvensis*
- Süßdolde *Myrrhis odorata*
- Marokkanisches Leinkraut *Linaria maroccana*
- Große Wachsblume *Cerinthe major*

# Die Karten verstehen

Hier findest du Erklärungen zu einigen Begriffen, die dir auf den Karten begegnen werden.

*Drinnen:* Im Innern deines Zuhauses, in einem beheizten Zimmergewächshaus oder einem beheizten Gewächshaus, wo gleichbleibend warme Temperaturen herrschen.

*Geschützt:* In einem Gewächshaus, einem Frühbeet oder unter einer Anzuchtglocke. Die Pflänzchen sollten vor Schädlingen geschützt und die Temperaturen bei sonnigem Wetter höher sein als draußen.

*Direktsaat:* Die Samen können direkt im Freiland ausgesät werden.

*Vor dem letzten Frost:* Gemeint ist das durchschnittliche Datum des letzten zu erwartenden Nachtfrostes in der Region, in der du lebst. Das kannst du im Internet herausfinden.

*Nährstoffreicher Boden:* Enthält viele Nährstoffe und organisches Material. In der Regel hat er eine dunkle Farbe.

*Leichter Boden:* Wenig nährstoffreicher Boden, der kaum Wasser speichert, in der Regel hellbraun. Um Blumenerde aufzulockern, kannst du Sand oder Perlit einarbeiten.

*Feuchter, durchlässiger Boden:* Irgendwo zwischen leichtem und nährstoffreichem Boden. Bei Bedarf kannst du Mulch aus kompostiertem, organischem Material in den Boden einarbeiten, damit die Erde durchlässiger wird und Feuchtigkeit besser speichert.

## SYMBOLE

*Licht*

- Täglich mehr als 6 Stunden direktes Sonnenlicht während des Sommers.
- Täglich etwa 3–6 Stunden direktes Sonnenlicht während des Sommers.
- Kein direktes Sonnenlicht während des Sommers.

*Wasser*

- Muss großzügig gewässert werden und verträgt keine Trockenperioden.
- Muss regelmäßig gewässert werden, verträgt aber längere Pausen zwischen dem Wässern.
- Relativ trockenheitstolerant, wenn Setzlingsstadium überschritten. Vermeide Überwässerung.

*Winterhärte*

- Muss nicht vor Frost geschützt werden.
- Verträgt kurze Frostperioden, wenn Setzlingsstadium überschritten.
- Verträgt keine Temperaturen unter dem Gefrierpunkt.

# Was ist ein Samen?

Ein Samen ist eine wundersame Zeitkapsel des Lebens. Im Lebenszyklus einer Blühpflanze sind Samen die embryonale Stufe, darauf ausgelegt, den Pflanzenembryo in ihrem Innern zu schützen. Sie verfügen über verschiedene Mechanismen, um die Keimung so lange hinauszuzögern, bis die äußeren Bedingungen optimal sind. Manche Samen können mehrere Jahre lang gelagert werden, bevor sie keimen. 2012 gelang es der Forschung, einen Samen keimen zu lassen, der vermutlich von einem Eichhörnchen während der Eiszeit vor rund 32.000 Jahren vergraben wurde und im sibirischen Permafrostboden überdauert hatte.

Der Samen wird von einer harten äußeren Hülle umschlossen, der Samenschale. Legt man Samen eine Weile in Wasser, weicht diese Samenschale auf und macht den Weg frei für erste Wurzeln und den ersten Spross der Pflanze. Wenn die Samenschale nachgibt, bricht zunächst die embryonische Wurzel durch, die Keimwurzel. Diese Wurzel drängt aus ihrer Hülle heraus und sucht nach Wasser, mit dessen Hilfe sie ihre ersten Blätter hervorbringt. Während dieses Prozesses wirft sie die Samenschale ab. Diese ersten Blätter heißen Keimblätter (Kotyledone). Pflanzen mit nur einem Keimblatt, wie Gräser und Zuckermais, sind Einkeimblättrige (Monokotyledonen). Pflanzen mit zwei Keimblättern, wie Tomaten und Sonnenblumen, heißen Zweikeimblättrige (Dikotyledonen). Die Keimblätter produzieren Energie für die Pflanze und bringen so den Wachstumsprozess in Gang.

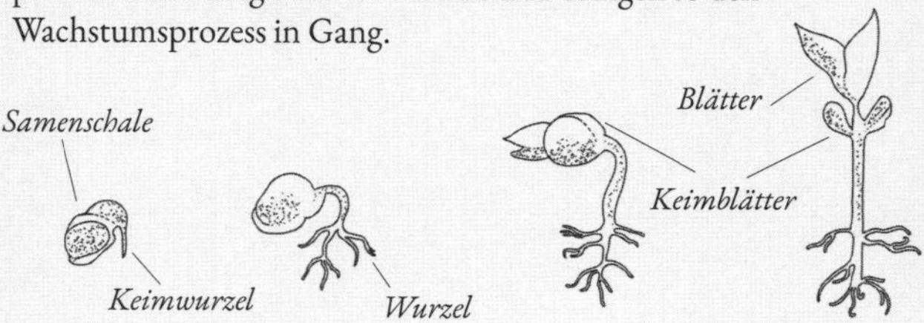

# Warum Saatgut bewahren?

Saatgut zu gewinnen, macht Spaß, spart Geld, fördert die Biodiversität und die Saatgutsouveränität und ermöglicht dir, Pflanzen anzubauen, deren Bedürfnisse auf die individuellen Bedingungen deines Gartens zugeschnitten sind.

## GELD SPAREN

Ein einzelnes Saatguttütchen ist in den meisten Fällen keine große Investition. Der Kauf von Saatgut für einen ganzen Garten hingegen geht mit enormen Kosten einher. Wenn wir unser eigenes Saatgut gewinnen, sparen wir uns diese Kosten und haben außerdem noch allerlei Samen übrig, die wir verschenken können.

## SAATGUTSOUVERÄNITÄT

Das Aufkommen neuer Hybridsorten, die kein vermehrungsfähiges Saatgut produzieren, bedroht unsere natürliche Biodiversität und kulturell bedeutsame Pflanzen. Bestimmte genetische Merkmale wie Farbe, Aroma und Resistenz gegen Krankheiten können nur durch Kreuzungszüchtungen und das Produzieren von Hybridsorten erreicht werden, die auf den Samentüten als F1 oder F2 ausgewiesen sind. F1 verweist auf eine Hybridsorte der ersten Generation, die aus zwei genetisch verschiedenen Pflanzen gezüchtet wurde, um die gewünschten Eigenschaften beider Pflanzen miteinander zu verbinden. Pflanzen, die aus F1-Hybriden gezogen wurden, heißen F2-Hybriden. Sie weisen größere Merkmalvariationen auf als ihre F1-Elternpflanzen.

Samen von Hybridpflanzen wachsen selten so wie die Mutterpflanze, sodass Erzeuger*innen gezwungen sind, jedes Jahr neues Saatgut zu kaufen. Produzent*innen haben einige Sorten patentieren lassen. Dadurch ist es strafbar, Saatgut von diesen Sorten zu gewinnen und weiterzugeben. Das ist insofern problematisch, als es den Saatgutunternehmen sehr viel Macht gibt: Sie können nach Belieben die Preise erhöhen und ganze Sorten auslöschen. Bei der Saatgutsouveränität geht es darum, das Saatgut dahin zurückzubringen, wo es hingehört: in die Hände von Gärtner*innen und Landwirt*innen.

### ANPASSUNGEN

Aus Saatgut gezogene Pflanzen passen sich an die spezifischen Bedingungen an, unter denen sie gezogen werden. Wenn du Jahr für Jahr Saatgut aus deinem Garten gewinnst und ziehst, passen sich die Pflanzen immer besser an die dortigen Bedingungen an. So kannst du die Erfolge, die du mit deinen Lieblingssorten erzielst, im Laufe der Zeit immer weiter steigern.

### BIODIVERSITÄT

Gute Gärtner*innen sind stets bestrebt, biologische Vielfalt in ihre Gärten zu bringen. Durch das Gewinnen von Saatgut kannst du auch zur globalen Biodiversität beitragen. Es gibt auf der Erde eine erstaunliche Vielfalt von essbaren Pflanzen und Zierpflanzen. Aus dieser Vielfalt wurden einige wenige Pflanzen ausgewählt und für die kommerzielle Nutzung gezüchtet. Lebensmittelkonzerne haben diese Vielfalt schon lange auf jene Pflanzen reduziert, die die meisten oder die am längsten haltbaren Früchte hervorbringen, wobei der wichtigste Faktor der kommerzielle Wert ist.

Derweil bauen Gärtner*innen, Züchter*innen und passionierte Feinschmecker*innen Nutzpflanzen und Blumen wegen ihres Aromas, ihrer Farben oder anderer wünschenswerter Merkmale an. Ohne diese engagierten, geschickten Menschen wären viele der interessantesten, ungewöhnlichsten und köstlichsten Sorten bereits verloren gegangen.

Einige Pflanzensorten können nur weiterbestehen, wenn sie angebaut und ihre Samen gewonnen werden. Saatgut hat eine bestimmte Haltbarkeitsdauer, genau wie die Früchte, das Gemüse und die Blumen, zu denen es heranwächst. Zwar halten sich manche Samen länger als andere, die meisten jedoch müssen innerhalb weniger Jahre ausgesät werden. Das bedeutet, dass einjährige Pflanzen, die ihren gesamten Lebenszyklus in nur einer Wachstumssaison vollenden, immer nur wenige Jahre vom Aussterben entfernt sind, es sei denn, ihr Saatgut keimt und bringt eine weitere Generation hervor. Sind diese Sorten einmal verloren, können sie nicht zurückgebracht werden. Sie zu erhalten, bedeutet größere genetische Vielfalt und die Möglichkeit, sich dem verändernden Klima anzupassen.

**SPASS**

Saatgut kann an vielerlei Orten gewonnen werden. Eine hübsche Pflanze, die du auf einem Spaziergang entdeckst, eine leckere Tomate auf deinem Teller im Restaurant – sie alle bieten dir die Möglichkeit, deinen Garten zu bereichern. Bist du erst zu einem/r selbstbewussten Saatgutsammler*in geworden, wirst du anfangen, deinen Geschmack zu verfeinern, mit ungewöhnlichen Sorten zu experimentieren und Spaß daran finden, die Schätze deines Gartens mit anderen zu teilen. Lokale Saatgut-Tauschbörsen sind eine gute Möglichkeit, lokale Sorten zu entdecken und neue Pflanzen auszuprobieren. Die Freude, Saatgut aus deinem Garten gegen das einer anderen Person zu tauschen – zum Beispiel eine aufregende Tomatensorte gegen eine hübsche Bohne –, kann eine Freundschaft festigen und dich mit neuen kulinarischen Genüssen oder wunderschönen Blüten bekannt machen.

# Keimfähigkeit von Saatgut

Wenn Saatgut nicht keimt, kann das daran liegen, dass die Bedingungen nicht geeignet sind oder das Saatgut selbst nicht keimfähig ist.

Damit Samen eine harte Schale ausbilden und genügend Energie haben, um zu keimen, müssen sie sich an der Mutterpflanze lange genug entwickeln können. In bestimmten Fällen ist es notwendig, den gesamten Stängel einer Pflanze abzuschneiden, um Saatgut zu gewinnen. Auf diese Weise erhalten die Samen ausreichend Energie, um ihre Entwicklung zu vollenden, und du kannst die Samen auffangen, wenn sie herunterfallen. Dies sollte stets an einem vor direkter Sonneneinstrahlung geschützten, kühlen, trockenen Ort erfolgen, an dem der Stängel nicht vorzeitig austrocknet und die Samen nicht feucht werden.

Sobald sich die Samenschale ausgebildet hat, können Samen mitunter viele Jahre überdauern. Manche Samen sollten besser frisch ausgesät werden. Andere halten sich bei optimalen Lagerbedingungen Jahrzehnte oder sogar Jahrhunderte. Die meisten Samen jedoch sollten nicht länger als ein paar Jahre aufbewahrt werden. Wenn du nicht sicher bist, ob dein Saatgut keimfähig ist, kannst du dies mit einem einfachen Test herausfinden.

### SAATGUT AUF KEIMFÄHIGKEIT TESTEN

Auch wenn du bei der Saatgutgewinnung alles richtig gemacht hast, gibt es Gründe, warum Samen nicht keimen. Dazu zählen unter anderem zu wenig oder zu viel Wasser, zu hohe oder zu niedrige Temperaturen, zu viel oder zu wenig Sonne sowie Schädlingsbefall.

Die Keimfähigkeit von Saatgut lässt sich einfach testen, indem man einige Samen auf einem Papierhandtuch keimen lässt. So kannst du die Keimung beobachten und dabei überprüfen, ob dein Saatgut tut, was es soll.

Befeuchte zunächst ein Papierhandtuch, falte es mehrfach und lege damit den Boden eines durchsichtigen, luftdichten Plastikbehälters aus. Verteile deine Samen auf dem Papierhandtuch und bedecke sie leicht mit einem weiteren feuchten Papierhandtuch. Verschließe das Gefäß mit dem Deckel und stelle es an einen warmen, hellen Ort ohne direkte Sonneneinstrahlung. Je nach Saatgut sollten die Samen innerhalb weniger Tage oder Wochen keimen. Wenn mehr als die Hälfte der Samen aufgeht, kannst du davon ausgehen, dass auch die restlichen Samen noch verwendbar sind.

Wenn die Samen einmal gekeimt haben, kann du sie vorsichtig von dem Papier lösen und einpflanzen. Samen mit besonders haarigen Wurzeln hängen oft am Papier fest. Wenn das so ist, schneide um den Keimling herum und pflanze ihn mit dem Papier ein, um die ersten Wurzeln nicht zu beschädigen.

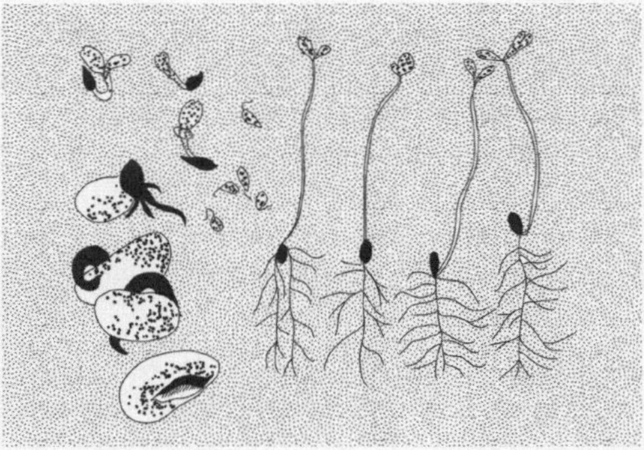

# Sorten erhalten

Das Sammeln von Saatgut kann ganz einfach sein, etwa wenn du beim Spaziergang eine Samenkapsel abpflückst und einsteckst. Wenn du jedoch eine ganz bestimmte Sorte erhalten willst, musst du zunächst einige Vorkehrungen treffen.

**VERMEIDE KREUZBESTÄUBUNG**

Wenn du oder deine Nachbarschaft verschiedene Sorten derselben Pflanze anbauen, kann es zu Kreuzbestäubung kommen. Dabei erhält das Saatgut genetisches Material von beiden Elternpflanzen – genau wie menschliche Kinder. Das bedeutet, dass die daraus entstehende Pflanze nicht sortenrein ist, also möglicherweise andere Merkmale aufweist als die Elternpflanze.

Manchmal entstehen durch Kreuzbestäubung aufregende neue Sorten, dann wieder sind die Resultate weniger optimal. Aus einigen genetischen Kombinationen können giftige Früchte hervorgehen – zum Beispiel bei Kürbissen. Um alte Sorten oder Kultursorten zu bewahren, müssen wir eine Kreuzbestäubung verhindern. Zum Glück gibt es mehrere Methoden, die wir dabei einsetzen können.

**ABSTAND HALTEN**

Wenn wir unterschiedliche Sorten einer Pflanze anbauen, reicht in der Regel ein Abstand von 100 m, um eine Kreuzbestäubung zu verhindern – eine Garantie bietet das allerdings nicht. Für diejenigen, die einen großen Garten besitzen, mag diese Methode gut funktionieren, bei kleineren Gärten ist das jedoch keine Option.

**EINZELNE SORTEN ANBAUEN**

Eine einfache Methode, Kreuzbestäubung zu verhindern, besteht darin, von allen Pflanzen nur eine einzige Sorte anzubauen – das funktioniert natürlich nur, solange die Nachbarschaft nicht eine andere Sorte derselben Pflanze kultiviert.

## HANDBESTÄUBUNG

Bei der Handbestäubung wird der Pollen vom männlichen Teil der Blüte genommen und auf den weiblichen Teil übertragen. In den meisten Fällen ist der weibliche Teil der Blüte ein einzelner langer Stempel mit einer leicht klebrigen Spitze. Der männliche Teil sind die Staubblätter. Sie sind dunkler und von Pollen überzogen. Manche Pflanzen haben Blüten, die sowohl männliche als auch weibliche Teile enthalten, während andere Pflanzen rein männliche oder rein weibliche Blüten besitzen.

Isoliere einzelne Blütentriebe, bevor sie sich öffnen, um sicherzustellen, dass sie durch eine Pflanze derselben Sorte bestäubt werden. Dafür kannst du sie vorsichtig mit einem leichten, durchsichtigen Netz umhüllen. Größere Blüten, wie die von Kürbissen und die der Purpur-Prunkwinde, können vorsichtig zusammengebunden werden, sodass ihre Blütenblätter als Barriere fungieren. Sobald sich die Blüte geöffnet hat, kannst du den Pollen mithilfe eines Pinsels auf den weiblichen Teil der Blüte übertragen. Schütze die Blüte so lange mit dem Netz, bis sie abgefallen ist, und markiere dann die Frucht oder Samenkapsel, aus der du das Saatgut gewinnen willst, mit einem Stück Bindfaden.

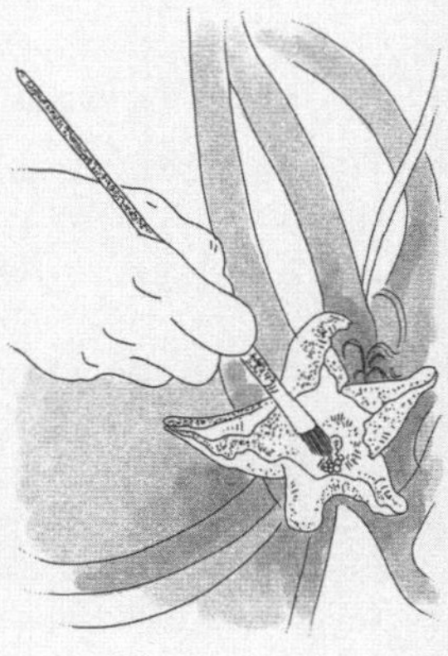

# Saatgut richtig lagern

Saatgut zu lagern, ist nicht schwierig, aber man muss es richtig machen. Manche Samen können direkt ausgesät werden, doch die meisten müssen bis zur nächsten Aussaat aufbewahrt werden.

## SAATGUT TROCKNEN

Bevor du dein Saatgut lagerst, solltest du unbedingt sicherstellen, dass es vollständig getrocknet ist.
Benutze zum Trocknen keinen Dörrautomaten, da die Samen dadurch ihre Keimfähigkeit verlieren können.
Manche Samen trocknen schnell.
Andere, vor allem größere Samen oder solche, die aus dem Innern einer Frucht stammen, benötigen mehr Zeit.
Um Samen zu trocknen, verteile sie auf einem trockenen Papierhandtuch an einem warmen, trockenen Ort ohne direkte Sonneneinstrahlung.

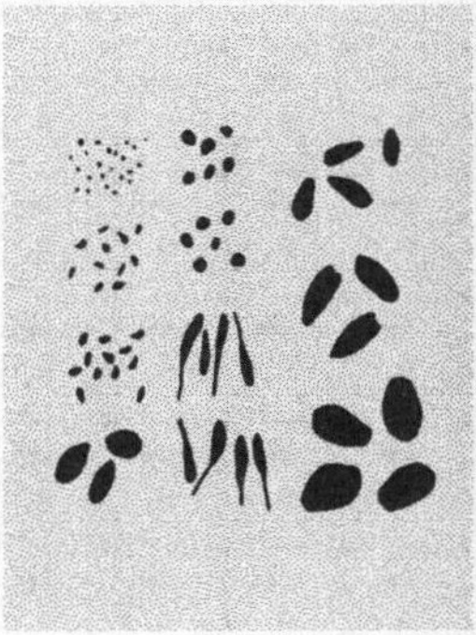

## EINEN LAGERPLATZ AUSWÄHLEN

Wähle den Ort, an dem du dein Saatgut lagern willst, sorgfältig aus. Bei zu hoher Luftfeuchtigkeit kann es leicht schimmeln. Es kann von Schädlingen befallen oder durch UV-Licht beschädigt werden. Daher solltest du dein Saatgut stets an einem gleichbleibend kühlen, trockenen, vor Schädlingen geschützten Ort lagern. Wenn du dein Saatgut in einer Gartenhütte, einer Garage oder einem Keller lagern möchtest, solltest du dir vielleicht eine Aufbewahrungsbox aus Metall zulegen, um es vor Ungeziefer zu schützen. Mäuse stellen für Saatgut eine besonders große Bedrohung dar – du solltest deine Schätze gut vor ihnen schützen.

## AUFBEWAHRUNGSMÖGLICHKEITEN

Am besten bewahrst du dein Saatgut in Papiertütchen auf – wie solchen in diesem Set. Sie lassen sich einfach beschriften und sorgen dafür, dass eventuelle Restfeuchte in deinem Saatgut entweichen kann, ohne dass Schimmel entsteht. Erste Anzeichen für Feuchtigkeit oder Beschädigung zeigen sich in der Regel auf dem Tütchen. So kannst du dein Saatgut in Sicherheit bringen, bevor auch die Samen Schaden nehmen.

## BESCHRIFTUNG

Bevor du dein Saatgut an seinem Aufbewahrungsort deponierst, solltest du es unbedingt beschriften. Notiere das Erntedatum, den Pflanzentyp und die Sorte (sofern du sie kennst) auf dem Tütchen. Am Erntedatum kannst du erkennen, welche Samen am frischesten sind und welche bald ausgesät werden sollten. Vielleicht möchtest du auch notieren, woher das Saatgut stammt, damit du seine Geschichte zurückverfolgen kannst.

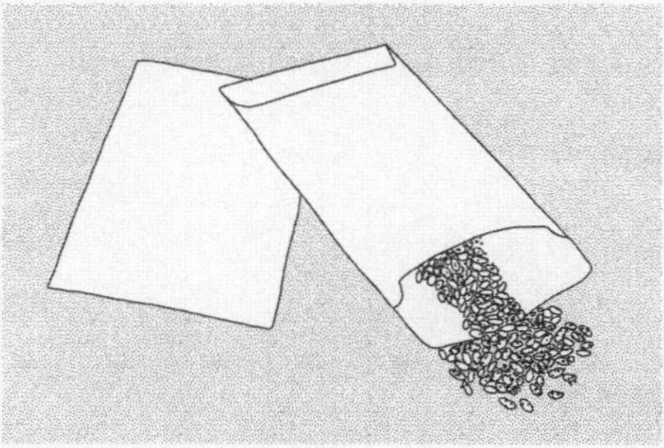

# Die richtigen Sorten auswählen

Manche Pflanzen können sich mit anderen Sorten und sogar Arten kreuzbestäuben und so Hybride hervorbringen. Nicht alle Hybride sind keimfähig, und die, die es sind, entwickeln sich in der Regel nicht so wie die Mutterpflanze. Wie menschliche Kinder weisen sie Merkmale beider Elternteile auf, sind aber keine Kopie des einen oder des anderen. Bei Hybridpflanzen solltest du dich also auf einige Überraschungen gefasst machen, die aber durchaus Freude bereiten können.

Alte Sorten, Kultursorten und Freibestäubung sind Begriffe, die im Zusammenhang mit dem Lagern von Saatgut oft gebraucht werden. Zwar sind die Begriffe mehr oder weniger austauschbar, dennoch möchten wir im Folgenden einige grundlegende Definitionen geben.

### ALTE SORTEN

Alte Sorten sind, genau wie Familienerbstücke, echte Schätze. Ihre Samen wachsen sortenrein und wurden wegen ihres besonderen Werts erhalten. Manche wurden über viele Generationen weitergegeben, andere erst kürzlich entdeckt. Wenn sie von Pflanzen derselben Sorte bestäubt werden, wachsen die Pflanzen zu einem Ebenbild der Elternpflanzen heran und geben wiederum exakt dieselben Eigenschaften an ihre Nachkommen weiter.

### KULTURSORTEN

Die Begriffe „alte Sorten“ und „Kultursorten“ meinen in etwa das Gleiche. Ihre Besonderheit liegt darin, dass sie bestimmte Merkmale weitergeben und in der Regel auf eine lange Geschichte zurückblicken. Kultursorten sind oft mehrere Generationen alt und wurden innerhalb von Familien weitergegeben, deren Leben um die Nahrungsmittel und Pflanzen kreiste, die sie anbauten. Die Geschichte mancher Samen lässt sich bis zu antiken Zivilisationen zurückverfolgen, wodurch sie eine große kulturelle und persönliche Bedeutung haben.

**FREIBESTÄUBUNG**

Freibestäubte Samen sind solche, die von Insekten, Vögeln, Säugetieren, dem Wind oder durch andere natürliche Vorgänge bestäubt wurden. Die Pflanzen verfügen dadurch über eine größere genetische Vielfalt, wodurch sie anpassungsfähiger und widerstandfähiger gegenüber Veränderungen werden. Dies kann auch bedeuten, dass es innerhalb der Gattungen eine größere Variabilität gibt. Vorausgesetzt, die Samen werden von einer Pflanze der gleichen Sorte bestäubt, produzieren sie wiederum Samen, die zu einem Ebenbild der Elternpflanzen heranwachsen.

**HYBRIDE**

Hybride entstehen, wenn Pollen zweier verschiedener Pflanzen kombiniert werden und einen genetisch abweichenden Nachkommen hervorbringen. Hobbygärtner*innen können dafür Pollen von einer Pflanze per Hand auf eine andere Pflanze übertragen, doch die Ergebnisse sind unberechenbar. Saatgutunternehmen nutzen die Hybridisierung, um verschiedene Varianten zu erzeugen. Die Samen, die dabei entstehen, wachsen in der Regel nicht zu einer Kopie der Mutterpflanze heran.

# Samen erfolgreich aussäen

Samen sind winzige Wunderwerke. Wir müssen den Samen geben, was sie brauchen, damit sie gedeihen können.

**SAMEN AUSSÄEN**

Samen können in jedem beliebigen Gefäß ausgesät werden, in das man Anzuchterde füllen kann und das Entwässerungslöcher besitzt. Größere Samen sollten in größeren Töpfen ausgesät werden, damit sie mehr Platz haben. Je kleiner die Samen, desto dichter kannst du sie in der Regel aussäen. Informiere dich über die individuellen Bedürfnisse des Saatguts, um sicherzustellen, dass es unter den besten Bedingungen gedeihen kann.

Befülle das Gefäß vor der Aussaat mit Anzuchterde und drücke diese sanft an. Zum Aussäen kannst du entweder kleine Vertiefungen in die Erde drücken und die einzelnen Samen dort hineinlegen oder du verteilst sie auf der Oberfläche und bedeckst sie vorsichtig mit Erde oder Vermiculit.

Sehr feine Samen wie die des Klatschmohns oder die des Marokkanischen Leinkrauts sollten leicht in die Erde gedrückt und nicht bedeckt werden. Wässere die Anzuchterde, bevor du die Samen darauf gibst, damit sie nicht weggespült werden.

**DIREKTSAAT**

Manche Samen können oder müssen direkt im Freiland ausgesät werden, dort, wo sie wachsen sollen. So können sich die Wurzeln der Pflanzen ungestört entwickeln, was Missbildungen bei Wurzel- und Knollenfrüchten wie Möhren oder Pastinaken zu verhindern hilft. Mitunter werden die Pflanzen dadurch auch resilienter. Möglicherweise verlierst du ein paar durch Schädlinge – säe daher mehr aus als du eigentlich willst, und dünne sie bei Bedarf später aus.

*Größere Samen können in eine kleine Vertiefung in der Anzuchterde gelegt und dann mit Erde bedeckt werden.*

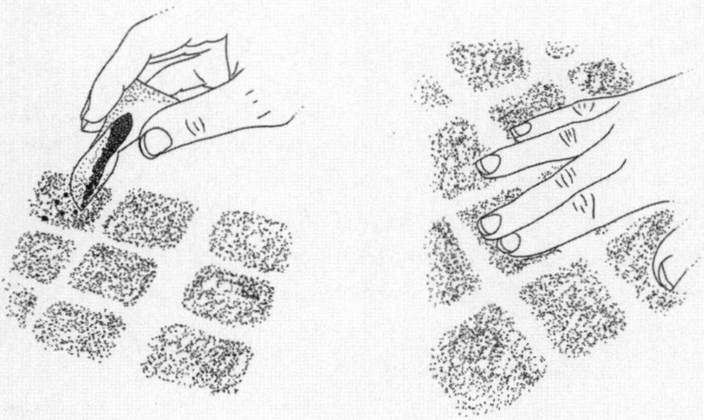

*Sehr kleine Samen können auf der Oberfläche der Anzuchterde verteilt und entweder mit Erde bedeckt oder leicht angedrückt werden.*

## Keimungsbedingungen

Samen haben eine Reihe von Möglichkeiten, auf die Welt um sie herum zu reagieren. Manche brauchen Wärme, andere verlangen nach Wärme und Licht, um die Keimung in Gang zu bringen. Was alle Samen brauchen, ist Wasser, um die feste Samenschale aufzuweichen, denn nur so kann der Pflanzenembryo austreiben. Zu viel Wasser lässt Samen schimmeln, zu wenig Wasser kann die Keimung behindern.

### ANZUCHTERDE

Damit sich deine Pflanze unter besten Bedingungen entwickeln kann, solltest du eine hochwertige Anzuchterde auswählen. Sie sollte eine dunkle Farbe und eine feine Textur haben und durchlässig sein. Du kannst deine eigene Anzuchterde mithilfe von Laubkompost herstellen. Der ist nährstoffarm und perfekt für das Wachstum von Keimlingen geeignet. Benutze ein Kompostsieb, um größere Stücke herauszufiltern. Je feiner die Textur der Anzuchterde, desto besser können die zarten Wurzeln sie durchdringen.

### WASSER

Sorge dafür, dass deine Anzuchterde konstant feucht, aber nicht nass ist. Mitunter mag die Erde trocken aussehen, aber wenn du den Finger hineinsteckst, merkst du, dass sie unter der Oberfläche feucht ist. Das Gefäß, in dem du dein Saatgut aussäst, sollte eine gute Entwässerung haben. Große, flache Samen sollten senkrecht in die Erde gesteckt werden, damit sich das Wasser nicht auf ihrer breiten Oberfläche sammelt und die Samen verschimmeln. Um die Feuchtigkeit konstant zu halten, kannst du eine Anzuchtglocke oder eine durchsichtige Plastiktüte über das Gefäß stülpen. Nach der Keimung kann die Glocke entfernt oder können die Lüftungsschlitze geöffnet werden, damit die Luft zirkuliert und die Keimblätter nicht schimmeln.

## WÄRME

Die meisten Keimlinge benötigen Wärme. Perfekte Bedingungen bieten daher ein Gewächshaus oder eine Fensterbank. Vermeide zu viel direkte Sonneneinstrahlung, da die Erde sonst zu schnell austrocknet. Ein beheiztes Zimmergewächshaus oder eine Wärmematte für Pflanzen halten die Erde warm und bringen die Keimung in Gang.

## LICHT

Setzlinge benötigen in der Anfangszeit viel Licht. Ein Mangel an Sonnenlicht kann zu Etiolierung führen: Dabei strecken sich die Stängel in der Wachstumsphase der Keimlinge übermäßig dem Licht entgegen, was zu einem schwachen, dünnen Wuchs führt. Bei viel Sonne musst du deine Pflänzchen vielleicht ein wenig vor der Sonne schützen, um die kleinen Keimlinge vor dem Austrocknen zu bewahren.

## DER RICHTIGE ZEITPUNKT

Zu Beginn der Wachstumsphase gibt es weniger Wärme und Licht, sodass die Keimung langsamer voranschreitet. Einige tropische Pflanzen, wie Chili, Paprika und Auberginen, müssen daher drinnen ausgesät werden und benötigen zusätzliche Wärme, damit die Wachstumsphase so lang ist, dass die Früchte ausreichend Zeit haben, um zu reifen. Schnellwachsende Pflanzen wie Bohnen und Kürbisse hingegen sollten erst kurz vor dem letzten Frost ausgesät werden. Schnellwachsende Pflanzen drinnen zu ziehen, kann dazu führen, dass sie wuchern, irgendwann zu groß für die Töpfe werden und infolgedessen einen Nährstoffmangel entwickeln.

Der Zeitpunkt der Aussaat hängt davon ab, wann in deiner Region mit dem letzten Frost zu rechnen ist. Es lohnt sich, ein Tagebuch zu führen, in dem du festhältst, wann du Samen aussäst und erntest, und alle Erfolge oder Misserfolge notierst, damit du dein Vorgehen den genauen Bedingungen in deinem Garten anpassen kannst.

# Setzlinge ziehen

Pflanzen sind am empfindlichsten, wenn sie sich im Setzlingsstadium befinden. In dieser Phase müssen wir ganz besonders auf ihre Bedürfnisse achten und für ideale Bedingungen sorgen.

## PIKIEREN

Pikieren beschreibt das Umsetzen von Setzlingen. Kleine Samen werden häufig zusammen in einer gemeinsamen Anzuchtschale ausgesät, aber wenn sie anfangen zu wachsen, benötigen sie mehr Platz. Dafür sorgen wir, indem wir sie pikieren. Hebe die Setzlinge behutsam aus dem Gefäß – halte sie an den Blättern, nicht an den Stielen – und trenne die Wurzeln voneinander. Pflanze dann die einzelnen Setzlinge in ein angemessen großes Gefäß mit Setzlingserde oder einer Mischung aus Pflanzen- und Anzuchterde.

## UMTOPFEN

Wenn man einen Setzling umtopft, verpflanzt man ihn in einen größeren Blumentopf mit einer etwas nährstoffreicheren Erde. Große, schnellwachsende Pflanzen benötigen größere Töpfe. Bei Pflanzen, die schnell austrocknen, hilft ein größerer Topf, die Feuchtigkeit besser zu halten.

## AUSPFLANZEN

Wenn keine Frostgefahr mehr besteht oder die Pflanze groß genug ist, kann sie ins Freiland gepflanzt werden. Hebe ein Loch aus und pflanze deinen Setzling mit etwas Topferde dort ein, damit er sich schneller eingewöhnt. Versuche, dabei die Wurzeln nicht zu beschädigen. Sieh regelmäßig nach ihm und schütze ihn, wenn nötig, gegen Schädlinge. Kleine Pflanzen nehmen schneller Schaden als größere. Schütze diese Setzlinge deshalb für längere Zeit, wenn du in deinem Garten ein Schädlingsproblem hast.

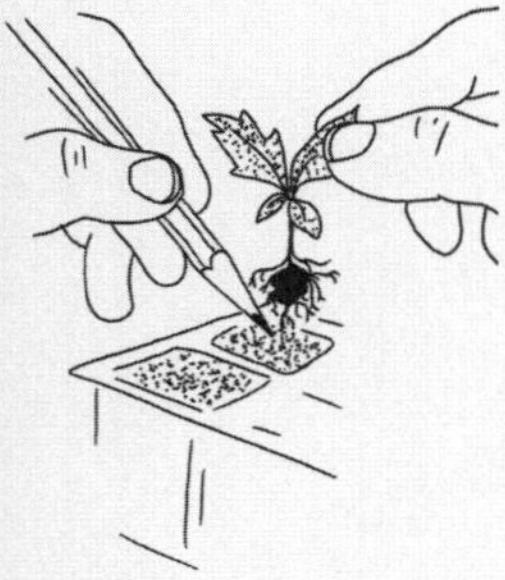

*Einen Setzling pikieren*

*Einen Setzling umtopfen*

*Einen Setzling auspflanzen*

***Becky Searle*** ist als Ökologin, Botanikerin und Küchengärtnerin dafür bekannt, dass sie seriöse Wissenschaft mit einer Leidenschaft für die Natur verbindet. Sie ist eine bekannte Vortragsrednerin und schreibt regelmäßig für die Zeitschrift *Kitchen Garden*. Ihre Beiträge sind außerdem in den Magazinen *Gardener's World*, *Bloom* und *Homes & Gardens* und anderen erschienen. Sie ist Co-Host des Podcasts *Seed Pod* und nutzt ihre starke Präsenz in den sozialen Medien, um die Freuden und die Bedeutung des ökologischen Gärtnerns zu preisen.

***Rachel Pedder-Smith*** ist eine botanische Künstlerin, deren Werke vielerorts ausgestellt wurden – von den Kew Gardens bis zum Smithsonian Museum und der Tate. Sie hat an der Leeds Metropolitan University ihren Bachelor und am Royal College of Art in London ihren Master und ihren Doktor gemacht. Sie hat an dem Buch *Plant* (Phaidon, 2016) mitgewirkt und wurde von der Royal Horticultural Society mit zahlreichen Gold- und Silbermedaillen ausgezeichnet.

LAURENCE KING

Laurence King Verlag GmbH
Jablonskistr. 27, 10405 Berlin, Deutschland

Laurence King ist ein Imprint von The Orion Publishing Group Ltd.,
Carmelite House, 50 Victoria Embankment, London EC4Y 0DZ, UK

Erstmals erschienen 2025 in Großbritannien unter dem Titel *The Seed Collector's Kit* bei Skittledog, einem Imprint von Thames & Hudson Ltd, 181A High Holborn, London WC1V 7QX.


Übersetzung Sarah Pasquay



Zusätzliche Illustrationen im Booklet
auf den Seiten 8, 13, 15, 16, 17, 21 und 25: Alison Guile

Senior Editor: Virginia Brehaut
Designers: Alison Guile/Sarah Pyke
Production: Felicity Awdry



ISBN 978-3-96244-507-2

Hergestellt in Shaoguan, Guangdong, China, 1. Auflage 2025

FSC
MIX
Papier
FSC® C122384

www.laurencekingverlag.de
www.skittledog.com
www.thamesandhudson.com

K

# GEMÜSE

# Tomate

*Solanum lycopersicum*

**Mit ihren süßen, saftigen, aromatischen Früchten ist die Tomate überaus beliebt. Eine selbst gezogene Tomate frisch vom Strauch zu naschen, ist ein einzigartiger Genuss. Tomaten lassen sich einfach anbauen und sind in einer Vielzahl von Formen erhältlich.**

## DAS SAATGUT GEWINNEN

Schabe mit einem Löffel die Samen aus einer reifen Tomate. Du wirst feststellen, dass sie von einer gallertartigen Substanz umhüllt sind, die entfernt werden muss. Dafür gibst du deine Samen in ein kleines Einmachglas und bedeckst sie mit ein wenig Wasser. Lege den Deckel so auf das Glas, dass noch ein wenig Luft hinein und hinaus gelangt. Nach wenigen Tagen hat sich die gallertartige Hülle durch den Gärungsprozess zersetzt. Spüle deine Samen in einem Sieb mit Wasser ab und lasse sie trocknen, bevor du sie lagerst.

| | |
|---|---|
| **AUSSAAT** | **drinnen, 6–8 Wochen vor dem letzten Frost** |
| **WINTERHÄRTE** | **empfindlich** |
| **LICHT** | **sonnig** |
| **BODEN** | **nährstoffreich, feucht, durchlässig** |
| **WASSER** | **großzügig wässern** |

***Tipp:*** *Determinierte Tomaten haben einen niedrigen, buschigen Wuchs; indeterminierte oder Spaliertomaten wachsen zu hohen Sträuchern heran und benötigen viel Platz sowie Rank- oder Stützhilfen. Wenn du nicht viel Platz hast, probiere es mit Zwerg-, Hänge- oder Balkontomaten.*

# Aubergine

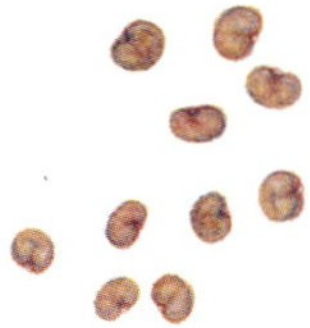

*Solanum melongena*

**Auberginen produzieren große, exotisch aussehende Pflanzen und wunderschöne, glänzende, tiefviolette, weiße, gestreifte oder sogar orangene Früchte. In der Küche werden sie für ihre Vielseitigkeit geschätzt und spielen in vielen Gerichten aus aller Welt eine große Rolle.**

## DAS SAATGUT GEWINNEN

Auberginensamen lassen sich leicht gewinnen. Wenn die Haut der Frucht zu glänzen beginnt, ist sie erntereif. Schneide die Frucht auf und kratze die Samen mit einem Cocktailspieß oder einer Messerspitze heraus. Lasse sie dann einige Tage auf einem Stück Küchenpapier trocknen.

| | |
|---|---|
| **AUSSAAT** | drinnen, Ende Januar–Ende März |
| **WINTERHÄRTE** | empfindlich |
| **LICHT** | sonnig |
| **BODEN** | nährstoffreich, feucht, durchlässig |
| **WASSER** | großzügig wässern |

***Tipp:*** *Auberginen lieben viel Wärme und können unter diesen Bedingungen schnell Früchte produzieren. Stütze deine Pflanze gut ab, denn die Früchte können sehr schwer werden.*

# Blumenkohl

*Brassica oleracea* var. *botrytis*

**Blumenkohl ist ein wunderbar vielseitiges Gemüse. Wie der Name schon sagt, handelt es sich bei dem Kopf um eine sich entwickelnde Blume. Zum Verzehr erntest du ihn, wenn er noch fest und kompakt ist. Willst du die Samen gewinnen, musst du ihn aufblühen lassen.**

## DAS SAATGUT GEWINNEN

Blumenkohlsamen zu gewinnen, ist einfach, erfordert aber etwas Geduld. Lasse deinen Blumenkohl zunächst schießen. Er wird zahlreiche zartgelbe Blüten entwickeln und dann kleine Samenschoten ausbilden, die denen von Erbsen ähneln. Ernte diese, sobald sie sich braun verfärbt haben und ausgetrocknet sind.

| | |
|---|---|
| AUSSAAT | geschützt, Anfang Mai–Mitte Juni |
| WINTERHÄRTE | winterhart ❄ |
| LICHT | sonnig ☼ |
| BODEN | nährstoffreich, feucht, durchlässig |
| WASSER | großzügig wässern 💧 |

***Tipp:*** *Wenn du siehst, dass sich ein Blumenkohlkopf auszubilden beginnt, binde die äußeren Blätter über dem Kopf so zusammen, dass er genug Platz zum Wachsen hat. So bleicht der Kopf aus, behält seine weiße Farbe und wird außerdem vor Schädlingen geschützt.*

# Pastinake

*Pastinaca sativa*

**Wer das Wintergemüse mit dem einzigartigen süßlichen Geschmack selbst ernten möchte, muss mit der Aussaat beginnen, sobald sich im Frühjahr der Boden erwärmt hat. Achte darauf, die Pastinaken in einen tiefen Boden auszusäen, damit die Wurzeln ungehindert wachsen können.**

## DAS SAATGUT GEWINNEN

Pastinaken blühen erst im zweiten Jahr. Sie bilden hübsche gelbe Blütendolden aus, in denen papierartige, scheibenförmige Samen heranwachsen. Sobald sich die Dolden braun zu verfärben beginnen, schneide sie ab und lasse sie an einem warmen, trockenen Ort weiter trocknen. Nach wenigen Wochen kannst du die Fruchtstände behutsam zwischen den Händen zerreiben, um die Samen herauszulösen.

| | |
|---|---|
| **AUSSAAT** | **Direktsaat, April–Anfang Juli** |
| **WINTERHÄRTE** | **winterhart ❄** |
| **LICHT** | **sonnig ☼** |
| **BODEN** | **nährstoffreich, tief** |
| **WASSER** | **regelmäßig wässern 💧** |

***Tipp:*** *Die Blätter der Pastinake sind phototoxisch: Wenn der Pflanzensaft unter Einwirkung von Sonnenlicht mit unserer Haut in Berührung kommt, kann dies Verbrennungen verursachen. Es empfiehlt sich daher, sie nicht dort anzubauen, wo man versehentlich mit ihnen in Berührung kommen kann. Außerdem solltest du bei der Gartenarbeit Handschuhe tragen.*

# Radieschen

*Raphanus sativus*

**Radieschen gehören zu den am schnellsten wachsenden Gemüsearten – oft kann man sie bereits sechs Wochen nach der Aussaat ernten. Sie werden für ihre pfeffrig-knackigen Knollen geliebt, aber auch die Blätter und Samenschoten sind essbar. Bei hohen Temperaturen bilden sie rasch Blüten aus, die für bestäubende Insekten sehr attraktiv sind.**

## DAS SAATGUT GEWINNEN

Lasse ein oder zwei Radieschen in die Höhe schießen. Es dauert nicht lange, bis sich die Samenschoten entwickeln. Sie sind dadurch gekennzeichnet, dass sie sich zum einen Ende hin verjüngen. Sobald sie sich braun verfärbt haben, kannst du die Samen ernten. Dafür brichst du einfach die Schoten auf und schüttelst die Samen heraus.

| | |
|---|---|
| **AUSSAAT** | Direktsaat, März–Anfang September |
| **WINTERHÄRTE** | winterhart ❄ |
| **LICHT** | sonnig bis halbschattig ☼ ◑ |
| **BODEN** | feucht, durchlässig |
| **WASSER** | großzügig wässern 💧 |

***Tipp:*** *Radieschenblätter kann man zu einem leckeren Pesto verarbeiten. Die grünen Radieschenschoten können eingelegt werden, sind aber auch eine köstliche Salatbeigabe.*

# Mangold

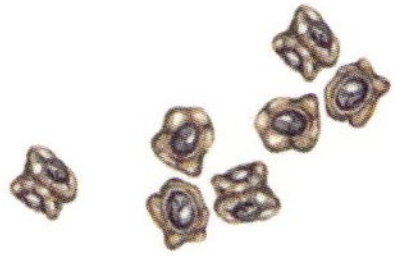

*Beta vulgaris* subsp. *vulgaris*

**Der in vielen Farben vorkommende Mangold ist ein sehr dekoratives Blattgemüse. Er kann das ganze Jahr über geerntet werden, bis zum ersten Frost, denn er produziert immer wieder neue Blätter und Stiele. Erst wenn im Frühjahr die Temperaturen steigen, blüht er und bildet Samen aus.**

## DAS SAATGUT GEWINNEN

Mangold bildet erst im Jahr nach der Aussaat Blüten und Samen aus. Warte, bis er blüht und sich die Samenstände braun zu verfärben beginnen. Schneide dann den gesamten Stängel ab und hänge ihn über einem Gefäß auf. So kannst du die Samen auffangen, wenn sie getrocknet sind und herausfallen.

| | |
|---|---|
| **AUSSAAT** | Direktsaat, Ende April–August |
| **WINTERHÄRTE** | winterhart |
| **LICHT** | sonnig bis halbschattig |
| **BODEN** | nährstoffreich, feucht, durchlässig |
| **WASSER** | großzügig wässern |

***Tipp:*** *Es gibt einzelne Mangoldsorten, die mit wahrhaft außergewöhnlichen Farben beeindrucken, etwa „Pfefferminze" mit seinen bonbonartigen pink-weiß gestreiften Stielen oder „Roter Vulkan" mit seinen sattroten Stängeln.*

# Chili

*Capsicum annuum*

**Es gibt nahezu unendlich viele Chili-Sorten mit vielzähligen Geschmacksrichtungen und Aromen. Die Spanne reicht von mild bis gefährlich scharf. Chilis sind tropische Pflanzen, brauchen also viel Wärme und haben eine lange Wachstumszeit.**

## DAS SAATGUT GEWINNEN

Ernte deine Chilischoten, sobald sie vollständig reif sind (die Farbe einer vollständig reifen Frucht ist abhängig von der Sorte, die du anbaust). Schneide die Frucht auf und kratze die Samen heraus. Wenn es sich um besonders scharfe Sorten handelt, solltest du dabei besser Handschuhe tragen, um Hautreizungen zu vermeiden.

| | |
|---|---|
| **AUSSAAT** | **drinnen, Mitte Januar–Ende März** |
| **WINTERHÄRTE** | **empfindlich** |
| **LICHT** | **sonnig** |
| **BODEN** | **leicht, feucht, durchlässig** |
| **WASSER** | **regelmäßig wässern** |

***Tipp:*** *Mit der Anzucht deiner Chili-Pflanzen solltest du bereits kurz nach Weihnachten an einem warmen Ort oder auf einer Wärmematte beginnen. Die Pflänzchen sollten vor Frost geschützt werden, bis es Zeit wird, sie nach draußen zu pflanzen. In kühleren Klimazonen baust du sie am besten in einem Gewächshaus oder einem Pflanztunnel an.*

# Kohlrabi

*Brassica oleracea* var. *gongylodes*

**Dieses ungewöhnliche Gemüse, dessen Aussehen an einen Alien erinnert, lässt sich leicht selbst anbauen. Die knackigen, vielseitigen Knollen haben einen erdigen, leicht apfelähnlichen Geschmack.**

## DAS SAATGUT GEWINNEN

Lasse eine oder zwei Pflanzen blühen und Samen ausbilden. Sobald die Schoten beginnen, sich bräunlich zu verfärben, pflücke sie ab und öffne sie vorsichtig, um die Samen freizulegen. Nun kannst du sie vorsichtig herauskratzen oder -schütteln.

| | |
|---|---|
| **AUSSAAT** | geschützt, Mitte April–Ende Juni |
| **WINTERHÄRTE** | winterhart ❄ |
| **LICHT** | sonnig ☼ |
| **BODEN** | nährstoffreich, feucht, durchlässig |
| **WASSER** | regelmäßig wässern 💧 |

***Tipp:*** *Ein gleichmäßig feuchter Boden trägt dazu bei, dass Kohlrabi sich gut entwickelt. Wenn die Knollen reif sind und starker Regen angekündigt ist, solltest du den Kohlrabi noch vor dem Regen ernten, um zu verhindern, dass er zu viel Wasser aufnimmt und dadurch aufplatzt.*

# Gartenkürbis

*Cucurbita pepo*

**Es gibt zahlreiche Kürbissorten, angefangen beim Jack O'Lantern-Kürbis bis hin zu den einzigartigen, skulpturengleichen Winterkürbissen. Sie anzubauen macht Spaß, außerdem können sie als herbstliche Dekoration verwendet und zu Suppen, Pasteten, Kuchen, Brot und vielen anderen Köstlichkeiten verarbeitet werden.**

## DAS SAATGUT GEWINNEN

Ernte deinen Kürbis, sobald der Stiel verholzt ist, und schneide ihn auf, um an die Samen zu gelangen. Löse die Samen vorsichtig von den faserigen Strängen im Innern der Frucht und sammle sie in einem Sieb. Spüle sie mit klarem Wasser ab und breite sie dann zum Trocknen auf einem Geschirrtuch aus.

| | |
|---|---|
| **AUSSAAT** | geschützt, 4–6 Wochen vor dem letzten Frost |
| **WINTERHÄRTE** | empfindlich |
| **LICHT** | sonnig |
| **BODEN** | nährstoffreich, feucht, durchlässig |
| **WASSER** | großzügig wässern |

***Tipp:*** *Kürbisse können sich problemlos kreuzbestäuben. Wenn du also Saatgut gewinnen willst, solltest du deine Pflanzen besser selbst bestäuben (siehe Seite 15 im begleitenden Booklet).*

# Physalis

*Physalis peruviana*

**Die von einer papierartigen Hülle umgebene, elegante, goldschimmernde Physalis schmückt viele Desserts. Überraschenderweise lässt sie sich leicht anbauen und wächst zu spektakulären, statuengleichen Pflanzen heran, deren gelbe und lila Blüten wie märchenhafte Lichterketten anmuten.**

## DAS SAATGUT GEWINNEN

Lasse eine Frucht vollständig ausreifen und etwas weich werden. Zerdrücke dann die Frucht, breite sie auf einem Teller aus und lasse sie ein paar Tage trocknen. Gib dann etwas Wasser darauf, um die Samen voneinander zu trennen und verteile sie anschließend zum Trocknen auf einem Geschirrtuch.

| | |
|---|---|
| **AUSSAAT** | **geschützt, 6–8 Wochen vor dem letzten Frost** |
| **WINTERHÄRTE** | **empfindlich** |
| **LICHT** | **sonnig** |
| **BODEN** | **nährstoffreich, durchlässig** |
| **WASSER** | **regelmäßig wässern** |

***Tipp:*** *Sammle alle heruntergefallenen Früchte auf, da sich die Physalis im Garten leicht selbst vermehrt.*

# Möhre

*Daucus carota* subsp. *sativus*

**Möhren sind ein beliebter Bestandteil des Abendbrots und häufig in Brotboxen von Kindern anzutreffen. Ihre knackigen, süßen Wurzeln sind in vielen Küchen beliebt. Da sich das Gemüse leicht anbauen lässt und sich auch die Samen leicht gewinnen lassen, sind Möhren perfekt für Garteneinsteiger*innen geeignet.**

## DAS SAATGUT GEWINNEN

Möhren sind zweijährige Pflanzen, das heißt, dass sie erst im Jahr nach ihrer Aussaat blühen und Samen ausbilden. Sobald die Blüten, auch Dolden genannt, sich bräunlich zu verfärben beginnen, schneide sie ab und lasse sie drinnen trocknen. Reibe die vollständig getrockneten Blüten vorsichtig zwischen deinen Handflächen, um die Samen herauszulösen.

| | |
|---|---|
| **AUSSAAT** | **Direktsaat, April–Mitte Juni** |
| **WINTERHÄRTE** | **winterhart** |
| **LICHT** | **sonnig oder halbschattig** |
| **BODEN** | **leicht, durchlässig** |
| **WASSER** | **regelmäßig wässern** |

***Tipp:*** *Möhren gedeihen am besten in Böden, die keine Steine oder andere harte Objekte enthalten, denn so können sie gerade wachsen. In einem nicht zu nährstoffreichen Boden, in dem sie nach Nährstoffen suchen müssen, bilden sie längere Wurzeln aus.*

# Kapuzinererbse

*Pisum sativum „Blauwschokker"*

**Diese Erbsen bringen einen Hauch von Glamour in dein Gemüsebeet. Mit ihren sich kräuselnden Ranken, den lila Blüten und den tiefvioletten Hülsen sind sie eine wahre Augenweide. Sie lassen sich einfach anbauen und sind schädlingsresistenter als grüne Erbsen.**

## DAS SAATGUT GEWINNEN

Lasse ein paar Schoten an der Pflanze austrocknen. Wenn sie aufzuplatzen beginnen, ernte die ganzen Schoten ab und bringe sie nach drinnen. Lasse sie vollständig austrocknen und löse dann die Erbsen aus dem Innern der Hülsen heraus. Bei schlechtem Wetter kannst du die gesamte Pflanze ernten und drinnen trocknen lassen, bevor du die Erbsen aus ihren Hülsen holst.

| | |
|---|---|
| **AUSSAAT** | geschützt, März–Anfang Juli |
| **WINTERHÄRTE** | winterhart |
| **LICHT** | sonnig |
| **BODEN** | feucht, durchlässig |
| **WASSER** | großzügig wässern |

***Tipp:*** *Kapuzinererbsen können mit ihren Hülsen gekocht werden, letztere verfärben sich beim Kochen allerdings grün. Alternativ können sie aus den Hülsen herausgelöst und gekocht oder roh genossen werden.*

# Feuerbohne

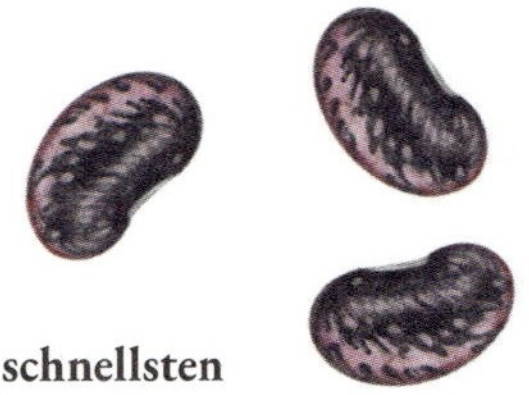

*Phaseolus coccineus*

**Die Feuerbohne ist vielleicht die am schnellsten wachsende Pflanze im Gemüsebeet. Sie bildet eindrucksvolle rote Blüten, große Blätter und lange grüne Hülsen aus. Da sie sich einfach anbauen, zubereiten und lagern lässt, ist sie bei Hobbygärtner*innen sehr beliebt.**

## DAS SAATGUT GEWINNEN

Lasse ein paar Hülsen an der Pflanze vollständig ausreifen, sich langsam gelb verfärben und austrocknen. Ernte die Schoten ab, bevor das Wetter zu nass wird, und lasse sie drinnen komplett trocknen und brüchig werden. Löse dann die Bohnen aus den Hülsen und lasse sie vollständig austrocknen.

| | |
|---|---|
| AUSSAAT | Direktsaat, kurz nach dem letzten Frost |
| WINTERHÄRTE | empfindlich |
| LICHT | sonnig |
| BODEN | nährstoffreich, feucht, durchlässig |
| WASSER | großzügig wässern |

***Tipp:*** *Ziehe die Feuerbohnen wenige Wochen vor dem letzten Frost drinnen vor oder säe sie nach dem letzten Frost direkt ins Freiland. Wenn du sie drinnen zu früh aussäst, wachsen sie womöglich zu unbeherrschbar großen Pflanzen heran, bevor du sie nach draußen pflanzen kannst.*

# Zuckermais

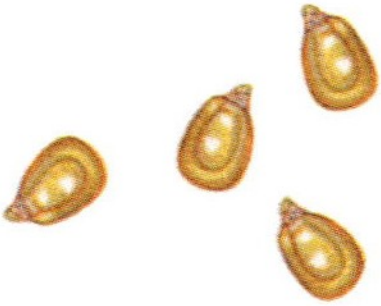

*Zea mays* convar. *saccharata*

**Du weißt nicht, wie Zuckermais schmeckt, bevor du ihn nicht frisch aus dem Garten gegessen hast. Sobald die Kolben abgeerntet sind, beginnt der Zucker, sich in Stärke zu verwandeln. Genieße den Zuckermais also, wenn er am süßesten schmeckt, und bereite ihn gleich nach der Ernte zu.**

## DAS SAATGUT GEWINNEN

Lasse einen Maiskolben an der Pflanze ausreifen. Bei feuchtem Wetter oder wenn du befürchtest, dass hungrige Tiere sich daran bedienen könnten, ernte den gesamten Stängel und bringe ihn zum Trocknen nach drinnen. Der Maiskolben ist vollständig trocken, wenn die Blätter braun und die Maiskörner hart und verschrumpelt sind. Löse die Körner mit festem Druck deiner Daumen vom Kolben. Schneide den Kolben dafür, wenn nötig, vom Stängel ab.

| | |
|---|---|
| **AUSSAAT** | **geschützt, 6–8 Wochen vor dem letzten Frost** |
| **WINTERHÄRTE** | **empfindlich** ❄ |
| **LICHT** | **sonnig** ☼ |
| **BODEN** | **nährstoffreich, feucht, durchlässig** |
| **WASSER** | **großzügig wässern** 💧 |

***Tipp:*** *Zuckermais wird vom Wind bestäubt. Es empfiehlt sich daher, ihn in rasterförmigen Gruppen anzupflanzen, um eine maximale Bestäubung zu gewährleisten. Sobald sich die feinen, seidigen Fäden zwischen den Körnern und Blättern braun verfärbt haben, sind die Kolben verzehrbereit.*

# Okra

*Abelmoschus esculentus*

**Okra ist ein Gemüse, das essbare Samenschoten mit leicht süßlichem, nahezu grasigem Geschmack ausbildet. Es findet sich in vielen afrikanischen, kreolischen und karibischen Gerichten. Die aus Afrika stammende Pflanze bevorzugt ein warmes Klima, kann aber im Gewächshaus auch in kühleren Gefilden angebaut werden.**

## DAS SAATGUT GEWINNEN

Lasse die Schoten voll ausreifen und an der Pflanze trocknen. Ernte sie, sobald sie beginnen, rissig zu werden und aufzubrechen. Halte eine getrocknete Schote über ein Schälchen und drücke sie auf – die Samen fallen von selbst heraus.

| | |
|---|---|
| AUSSAAT | drinnen, 6–8 Wochen vor dem letzten Frost |
| WINTERHÄRTE | empfindlich |
| LICHT | sonnig |
| BODEN | nährstoffreich, feucht, durchlässig |
| WASSER | regelmäßig wässern |

***Tipp:*** *Bevor du die Okrasamen aussäst, lege sie für 2–3 Stunden in Wasser. Dadurch weicht die Samenschale auf und die Keimung kommt schneller in Gang.*

# Zwiebel

*Allium cepa*

**Zwiebeln bilden die Grundlage vieler Gerichte aus aller Welt und bereichern mit ihrem Aroma und ihrer Textur unsere Speisen: vom Salat über den Eintopf bis hin zum Hot Dog. Häufig werden sie aus kleinen, unreifen Knollen gezogen, den sogenannten Setzzwiebeln. Sie können aber ebenso gut aus Samen gezogen werden – das dauert lediglich ein wenig länger.**

## DAS SAATGUT GEWINNEN

Lasse deine Zwiebeln Blüten ausbilden. Wenn diese sich bräunlich zu verfärben beginnen, fallen die Samen leicht heraus. Ernte dann den gesamten Blütenstängel und hänge ihn mit dem Kopf nach unten geschützt über einem Gefäß auf, um die Samen aufzufangen. Die verbleibenden Samen kannst du vorsichtig herausschütteln.

| | |
|---|---|
| **AUSSAAT** | **Direktsaat, März–Anfang Mai** |
| **WINTERHÄRTE** | **winterhart** |
| **LICHT** | **sonnig oder halbschattig** |
| **BODEN** | **feucht, durchlässig** |
| **WASSER** | **regelmäßig wässern** |

***Tipp:*** *Zwiebeln schießen (produzieren Blüten), wenn sie unter Stress stehen – dadurch können die Früchte nicht weiterwachsen. Um das Schießen zu verhindern und möglichst große Zwiebeln zu ernten, solltest du die Pflanzen, insbesondere bei warmem Wetter, ganz regelmäßig gießen.*

# Schnittlauch

*Allium schoenoprasum*

**Schnittlauch ist ein Mitglied der Zwiebelfamilie und ein beliebtes Küchenkraut, das im Sommer hübsche pompom-artige lila Blüten ausbildet.**

## DAS SAATGUT GEWINNEN

Lasse die Blütenköpfe an der Pflanze austrocknen. Zerreibe dann die Blüten zwischen den Fingern über einem Schälchen, um die Samen vorsichtig herauszulösen.

| | |
|---|---|
| **AUSSAAT** | Direktsaat, Juni–September |
| **WINTERHÄRTE** | winterhart ❄ |
| **LICHT** | sonnig ☼ |
| **BODEN** | feucht, durchlässig |
| **WASSER** | regelmäßig wässern 💧 |

***Tipp:*** *Schnittlauchsamen brauchen zum Keimen recht hohe Temperaturen. Um das bestmögliche Ergebnis zu erzielen, solltest du sie daher drinnen auf einer Wärmematte vorziehen. Bedecke die Samen nicht mit Erde, drücke sie lediglich in die Oberfläche deiner Anzuchterde.*

# Artischocke

*Cynara cardunculus* var. *scolymus*

**Diese eindrucksvolle, statuenhafte Pflanze lässt sich leicht aus Samen ziehen und macht ordentlich was her. Ihre großen lila Blüten locken nicht nur zahlreiche bestäubende Insekten an. Als Knospen sind sie außerdem eine exquisite Köstlichkeit, und ihre Blätter setzen im Garten einen dramatischen Akzent.**

## DAS SAATGUT GEWINNEN

Warte, bis eine Blüte abstirbt, sich braun verfärbt und austrocknet. Die flaumige Oberfläche der Blütenstände wird aus federleichten, sternförmigen Samenschirmen gebildet, den sogenannten Pappus, die vom Wind fortgetragen werden. An jedem Pappus hängt ein kleines grau-braunes Samenkorn, das herausgelöst kann.

| | |
|---|---|
| **AUSSAAT** | **geschützt, 10–12 Wochen vor dem letzten Frost** |
| **WINTERHÄRTE** | **winterhart** |
| **LICHT** | **sonnig** |
| **BODEN** | **feucht, durchlässig** |
| **WASSER** | **regelmäßig wässern** |

***Tipp:*** *Einige Sorten sind winterfester als andere. Sammle das Artischockensaatgut ganz in der Nähe von dort, wo du die Pflanzen anbauen willst. So kannst du sicherstellen, dass sie für das Klima in deiner Region ausreichend winterfest sind.*

# Wald-Erdbeere

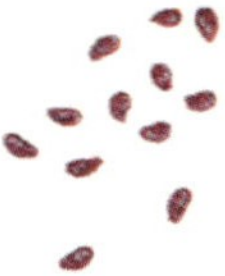

*Fragaria vesca*

**Die Wald-Erdbeere ist eine robuste Pflanze mit winzigen süßen Früchten. Zwar fällt die Ernte sehr viel kleiner aus als bei ihren größeren Verwandten, dafür sind die Früchte ein ganz besonderer Genuss.**

## DAS SAATGUT GEWINNEN

Lasse eine Frucht vollständig ausreifen, bevor du sie erntest. Schneide sie in zwei Hälften und lege diese zum Trocknen auf ein Stück Küchenpapier. Die Samen lösen sich von selbst von der Frucht, sodass du sie einfach aufsammeln kannst.

| | |
|---|---|
| **AUSSAAT** | **geschützt, März oder Oktober** |
| **WINTERHÄRTE** | **winterhart** |
| **LICHT** | **sonnig bis halbschattig** |
| **BODEN** | **alle Böden** |
| **WASSER** | **regelmäßig wässern** |

***Tipp:*** *Die Wald-Erdbeere ist dafür bekannt, dass sie sich leicht selbst vermehrt. Passe auf, dass sie die benachbarten Pflanzen nicht überwuchert, oder pflanze sie in Töpfe.*

BLUMEN

# Sonnenblume

*Helianthus annuus*

**Bienen und Vögel lieben Sonnenblumen!**
**Die Sorten reichen von der hoch aufragenden „Mongolian Giant“ bis zur niedlichen Zwergsorte „Teddybär“. Am bekanntesten sind gelbe Sonnenblumen, aber es gibt auch orangene, rote, braune und auch zweifarbige.**

## DAS SAATGUT GEWINNEN

Warte bis der Sonnenblumenkopf beginnt, sich dort, wo er in den Stamm übergeht, braun oder grau zu verfärben, und die Blütenblätter anfangen, welk zu werden. Kratze dann die winzigen Blüten, die die Samen bedecken, ab. Beginne in der Mitte und löse die ersten Samen mit einem stumpfen Werkzeug heraus – die übrigen solltest du dann von Hand ablösen können. Lasse sie danach auf einem Tablett 24 Stunden lang trocknen. Sonnenblumensamen sind auch ein leckerer Snack!

| | |
|---|---|
| **AUSSAAT** | **Direktsaat, Mai–Anfang Juli** |
| **WINTERHÄRTE** | **empfindlich** |
| **LICHT** | **sonnig** |
| **BODEN** | **nährstoffreich, feucht, durchlässig** |
| **WASSER** | **großzügig wässern** |

***Tipp:*** *Baue große Sonnenblumen an einem geschützten Ort ohne Stützvorrichtungen an. Wenn sie regelmäßig vom Wind bewegt werden, entwickeln die Pflanzen dickere Stämme und werden robuster.*

# Zinnie

*Zinnia elegans*

**Diese bunten, lustigen Blumen gibt es in vielen verschiedenen Farben, die von herbstlichen bis zu leuchtend pinken, gelben und roten Tönen reichen. Sie sind sehr schön anzusehen und blühen den ganzen Sommer hindurch, sofern die welken Blüten regelmäßig angeschnitten werden.**

## DAS SAATGUT GEWINNEN

Lasse ein paar Blüten im Spätsommer verwelken und austrocknen. Sammle die Samen aus der Mitte der Blüte und bewahre sie für das nächste Frühjahr auf.

| | |
|---|---|
| **AUSSAAT** | **Direktsaat, wenn keine Frostgefahr mehr besteht** |
| **WINTERHÄRTE** | **empfindlich** |
| **LICHT** | **sonnig** |
| **BODEN** | **alle Böden** |
| **WASSER** | **großzügig wässern** |

***Tipp:*** *Nacktschnecken sind für die Keimlinge der Zinnie eine große Gefahr. Daher solltest du die Blumen erst im späten Frühjahr aussäen, wenn sie schneller wachsen. Alternativ kannst du sie in einem Gewächshaus oder auf einem sonnigen Fensterbrett vorziehen.*

# Pfingst-Veilchen

*Viola sororia*

**Pfingst-Veilchen mit ihren charakteristischen kleinen Blüten sind die kleinen Verwandten des klassischen Stiefmütterchens. Sie können zu jeder Jahreszeit blühen, kommen in vielerlei Farben und Farbkombinationen vor und eignen sich perfekt für Beete und Töpfe.**

## DAS SAATGUT GEWINNEN

Schneide welke Blüten regelmäßig ab, um die Blütezeit zu verlängern. Wenn du jedoch Samen ernten möchtest, lasse einige der Blüten verwelken, damit sich Samenkapseln ausbilden können. Die Samen sind erntebereit, wenn die Kapseln trocken sind, sich braun verfärbt haben und die Samen sich leicht aus den Schoten lösen.

| | |
|---|---|
| **AUSSAAT** | Direktsaat, im Frühjahr oder Herbst |
| **WINTERHÄRTE** | winterhart |
| **LICHT** | sonnig bis halbschattig |
| **BODEN** | feucht, durchlässig |
| **WASSER** | großzügig wässern |

***Tipp:*** *Pfingst-Veilchen sind essbar und ein schöner Farbtupfer in deinem Garten und deiner Küche.*

# Klatschmohn

*Papaver rhoeas*

**Diese allseits bekannten, klassischen Blumen, deren Blüten auf Wiesen, Feldern und an Wegesrändern auf und ab wippen, sind im Frühjahr ein vertrauter Anblick. Ihre einfachen, zarten, eleganten roten Blüten sitzen auf langen schlanken Stängeln.**

## DAS SAATGUT GEWINNEN

Sobald die Blüte verwelkt, wird am Ende des Stängels eine Samenkapsel sichtbar. Warte, bis sie sich braun verfärbt hat und halte sie dann vorsichtig mit dem Kopf nach unten über ein Gefäß, um hunderte winziger schwarzer Samen aufzufangen. Durch Rollen der Kapsel kannst du ihr noch weitere Samen entlocken. Wenn die Samen nicht von selbst herausfallen, ist die Kapsel noch nicht erntebereit.

| | |
|---|---|
| AUSSAAT | Direktsaat, im Frühjahr oder Herbst |
| WINTERHÄRTE | winterhart |
| LICHT | sonnig |
| BODEN | leicht, durchlässig |
| WASSER | regelmäßig wässern |

***Tipp:*** *Mohnsamen sind eine köstliche Ergänzung in unserem Essen, schmecken aber auch vielen Wildtieren. Säe also immer ein paar mehr aus!*

# Kapuzinerkresse

*Tropaeolum majus*

**Diese kräftige Kletter- oder Kriechpflanze ist eine ausgezeichnete Begleitpflanze im Gemüsebeet, denn sie hilft, Schädlinge fernzuhalten und lockt bestäubende Insekten an. Mit ihren großen, scheibenförmigen Blättern und den feurig leuchtenden Blüten ist sie zudem ein hübscher Anblick.**

## DAS SAATGUT GEWINNEN

Sobald eine Pflanze bestäubt wurde und verblüht ist, wachsen an den Blütenstielen Kapseln mit relativ großen Samen heran. Wenn diese sich braun verfärbt haben, kannst du sie abernten und für das nächste Jahr aufbewahren. Denke daran, dass viele Samen herunterfallen werden. Ernte die Kapseln also regelmäßig ab, wenn du viel Saatgut gewinnen willst.

| | |
|---|---|
| **AUSSAAT** | **Direktsaat, wenn keine Frostgefahr mehr besteht** |
| **WINTERHÄRTE** | **empfindlich** |
| **LICHT** | **sonnig** |
| **BODEN** | **nährstoffreich, feucht, durchlässig** |
| **WASSER** | **großzügig wässern** |

***Tipp:*** *Kapuzinerkressesamen können als pfeffriger Snack genossen oder in grünem, unreifem Zustand wie Kapern eingelegt werden, um Gerichte aufzupeppen. Alle oberirdischen Teile der Pflanze sind essbar.*

# Kosmee

*Cosmos bipinnatus*

**Diese hübschen einjährigen Blumen werden auch Schmuckkörbchen genannt. Sie haben einfache Blüten, die auf reichlich feingefiedertem Laub sitzen. Sie bringen Struktur und Bewegung in den Garten und sorgen für pinke oder weiße Tupfer.**

## DAS SAATGUT GEWINNEN

Sobald die Blüte verwelkt ist, werden längliche, abgeflachte Samen sichtbar, die wie Stacheln aus dem Fruchtstand emporragen. Wenn sich die Samen braun verfärben und austrocknen, sind sie erntereif.

| | |
|---|---|
| **AUSSAAT** | geschützt, 6–8 Wochen vor dem letzten Frost |
| **WINTERHÄRTE** | winterfest |
| **LICHT** | sonnig |
| **BODEN** | feucht, durchlässig |
| **WASSER** | regelmäßig wässern |

***Tipp:*** *Kosmeen wirken empfindlich, sind aber überraschend gute Schnittblumen, wenn du sie gleich nach dem Abschneiden ins Wasser stellst.*

# Purpur-Prunkwinde

*Ipomea purpurea*

**Die bezaubernden trompetenförmigen blau-lila Blüten der Purpur-Prunkwinde sind in wärmeren Klimazonen sehr verbreitet. Ihr kräftiger Wuchs macht sie in manchen Gegenden zu einer invasiven Art, in anderen werden sie als zarte, wunderschöne einjährige Blumen geschätzt.**

## DAS SAATGUT GEWINNEN

Sobald die Blüten verwelkt sind, bilden sich kleine runde Samenkapseln aus. Wenn diese hart und braun sind, kannst du sie aufknacken. Sind die Samen dunkelbraun oder schwarz, können sie geerntet und bis zum nächsten Jahr aufbewahrt werden.

| | |
|---|---|
| AUSSAAT | drinnen, 6–10 Wochen vor dem letzten Frost |
| WINTERHÄRTE | empfindlich |
| LICHT | sonnig |
| BODEN | durchlässig |
| WASSER | regelmäßig wässern |

***Tipp:*** *Anfangs benötigt die Purpur-Prunkwinde regelmäßig Wasser, aber sobald sie sich gut entwickelt hat, ist sie sehr trockenheitstolerant. Gib ihr etwas, an dem sie emporranken kann, und sorge dafür, dass sie nicht zu sehr wuchert.*

# Garten-Fuchsschwanz

*Amaranthus caudatus*

**Diese einzigartige, exotische Blume, die auch unter dem Namen Amaranth bekannt ist, verleiht jedem Garten und jedem Blumenarrangement einen dramatischen Touch. Ihre roten, pinken oder gelben Blüten bilden weiche Puschel oder lange, hängende Rispen, die aus buschigem grünem oder rotem Laub hervorwachsen.**

## DAS SAATGUT GEWINNEN

Schneide eine ausgereifte Blütenrispe von der Pflanze ab und halte sie über einen Eimer oder eine Schale. Streife die Blüte von der Basis bis zur Spitze mit den Fingern ab und stelle sicher, dass die Samen in dem Gefäß landen. Trenne die Samen durch vorsichtiges Pusten von der Spreu – die Samen fallen hinunter, die übrigen Blütenteile werden fortgeweht.

| | |
|---|---|
| **AUSSAAT** | **Direktsaat, kurz nach dem letzten Frost** |
| **WINTERHÄRTE** | **empfindlich** |
| **LICHT** | **sonnig** |
| **BODEN** | **nährstoffreich, durchlässig** |
| **WASSER** | **regelmäßig wässern** |

***Tipp:** Die Keimlinge des Garten-Fuchsschwanzes sind sehr empfindlich. Daher sollten sie besser drinnen etwa 6 Wochen vor dem letzten Frost vorgezogen werden.*

# Rainfarn-Phazelie

*Phacelia tanacetifolia*

**Die eleganten, gewundenen Blüten der Rainfarn-Phazelie sind ein wahrer Magnet für bestäubende Insekten. Das macht die Pflanze zu einer ausgezeichneten Ergänzung von Naturgärten und zu einer guten Begleitpflanze in deinem Gemüsebeet.**

## DAS SAATGUT GEWINNEN

Wenn die Blüte verwelkt, beginnen die Samen am Stängel zu reifen. Behalte die Pflanze gut im Blick und ernte die Samen, sobald sie braun sind und bevor sie herunterfallen. Alternativ kannst du den gesamten Fruchtstand ernten und ihn über eine Schale hängen, um die herausfallenden Samen aufzufangen.

| | |
|---|---|
| **AUSSAAT** | **Direktsaat, im Frühjahr oder Sommer** |
| **WINTERHÄRTE** | **winterfest** |
| **LICHT** | **sonnig** |
| **BODEN** | **leicht, durchlässig** |
| **WASSER** | **regelmäßig wässern** |

***Tipp:*** *Säe die Samen im späten Frühjahr direkt im Freiland oder Anfang Mai im Gewächshaus aus. Die Rainfarn-Phazelie ist vielerorts nicht winterhart.*

# Kornblume

*Centaurea cyanus*

**Diese traditionell blaue Blume mit ihren rüschenartigen Blütenblättern und hohen Stängeln ist auf Wiesen und in Bauerngärten weit verbreitet. Es gibt sie auch in den Tönen rosa, rot und weiß mit silbriggrünem Laub. Da Kornblumen bestäubende Insekten anlocken, sind sie in Naturgärten sehr beliebt.**

## DAS SAATGUT GEWINNEN

Nachdem die Blüte verwelkt ist, bleibt der Fruchtstand zurück. Darin befinden sich kleine Samen mit einem pinselartigen Ende. Du kannst sie einfach herauslösen, indem du die trockenen Fruchtstände leicht zusammendrückst oder über den Boden eines Gefäßes rollst.

| | |
|---|---|
| **AUSSAAT** | **geschützt, 6–8 Wochen vor dem letzten Frost** |
| **WINTERHÄRTE** | **winterhart** |
| **LICHT** | **sonnig** |
| **BODEN** | **feucht, durchlässig** |
| **WASSER** | **regelmäßig wässern** |

***Tipp:*** *Kornblumenblüten sind essbar und eine köstliche, attraktive Ergänzung für Desserts und Salate.*

# Purpur-Sonnenhut

*Echinacea purpurea*

**Der Purpur-Sonnenhut gilt als immunstärkend und heilungsfördernd. Seine an Gänseblümchen erinnernden Blüten kommen in vielerlei Farben und Formen vor. Allen gemein ist eine große, hochgewölbte Blütenmitte, die häufig über die Blütenblätter hinausragt. Bestäubende Insekten und Vögel lieben diese Pflanze.**

## DAS SAATGUT GEWINNEN

Lasse eine der Blüten verwelken, dann kommen in der Mitte die Samen zum Vorschein. Streiche mit dem Finger sacht über die Samen, um sie zu abzulösen.

| | |
|---|---|
| **AUSSAAT** | geschützt, Spätsommer–Herbst oder Spätwinter–Frühjahr |
| **WINTERHÄRTE** | winterhart ❄ |
| **LICHT** | sonnig ☼ |
| **BODEN** | leicht, durchlässig |
| **WASSER** | regelmäßig wässern 💧 |

***Tipp:*** *Einige Echinacea-Sorten wachsen nicht formgetreu, wenn sie aus gewonnenem Saatgut gezogen werden. Das liegt daran, dass sie Hybride sind (siehe Booklet, Seite 19). Der Purpur-Sonnenhut ist eine robuste, leicht anzubauende Sorte, die aus Nordamerika stammt.*

# Akelei

*Aquilegia vulgaris*

**Die Akelei ist eine leicht anzubauende Pflanze, die hübsches Laub und ungewöhnliche, farbenfrohe Blüten ausbildet. Sie sät sich häufig selbst aus und ist eine schöne Ergänzung für jeden Garten.**

## DAS SAATGUT GEWINNEN

Warte, bis die Blüten verwelken und ernte die Samenkapseln, sobald sie sich braun verfärben. Halte die Kapsel mit der oberen Seite nach unten über ein Schälchen oder eine zur Schale geformte Hand und rolle sie vorsichtig zwischen deinen Fingern, bis die Samen herausfallen. Alternativ kannst du den gesamten Stängel ernten und ihn über einer Schale trocknen lassen, um die Samen darin aufzufangen, wenn sie herausfallen.

| | |
|---|---|
| **AUSSAAT** | **Direktsaat, 3–4 Wochen vor dem letzten Frost** |
| **WINTERHÄRTE** | **winterhart** ❄ |
| **LICHT** | **sonnig bis halbschattig** ☼ ◐ |
| **BODEN** | **nährstoffreich, durchlässig** |
| **WASSER** | **regelmäßig wässern** 💧 |

***Tipp:*** *Diese fabelhafte Pflanze kommt in vielerlei Sorten vor. Einige sind jedoch Hybride, die nicht zum Ebenbild der Mutterpflanze heranwachsen, wenn du sie aus selbst gewonnenem Saatgut ziehst. Um deine Erfolgsaussichten zu erhöhen, solltest du dich nach samenfesten Sorten umsehen.*

# Chinesische Wiesenraute

*Thalictrum delavayi*

**Ihr feines, hellgrünes Laub und die winzigen, zarten Blütenwolken machen die Chinesische Wiesenraute zu einer beliebten Gartenblume. Ihre lila Blüten fügen sich gut in die anderen Strukturen und Farben von Blumenbeeten und -rabatten ein.**

## DAS SAATGUT GEWINNEN

Sobald die Blüten zu verwelken beginnen, kommen kleine braune Samen zum Vorschein, die leicht geerntet und bis zur Aussaat aufbewahrt werden können.

| | |
|---|---|
| **AUSSAAT** | **Direktsaat, im Spätsommer oder frühen Frühjahr** |
| **WINTERHÄRTE** | **winterhart** |
| **LICHT** | **sonnig bis halbschattig** |
| **BODEN** | **nährstoffreich, feucht, durchlässig** |
| **WASSER** | **regelmäßig wässern** |

***Tipp:*** *Die Chinesische Wiesenraute ist eine tolerante mehrjährige Pflanze, aber wenn der Boden im Winter zu feucht ist, kann sie eingehen. Arbeite daher großzügig Mulch in den Boden ein, damit er besser entwässert wird.*

# Virginischer Tabak

*Nicotiana tabacum*

**Die süßlich duftenden, unwiderstehlichen, trichterförmigen Blüten des Virginischen Tabaks sitzen auf üppigem Laub und sind für Gärtner*innen und bestäubende Insekten gleichermaßen eine Freude. Virginischer Tabak lässt sich leicht aus Samen ziehen, kommt in vielerlei Farben und Formen vor und verträgt ein breites Spektrum an Standortbedingungen.**

## DAS SAATGUT GEWINNEN

Sobald die Blüten verwelkt sind, entwickeln sich weichschalige Samenkapseln. Warte, bis sie sich braun verfärbt haben und spröde geworden sind, dann kannst du sie ernten. Knacke die Kapseln über einem Gefäß auf, um die winzigen Samen darin aufzufangen. Ernte die Samen, bevor sie auf den Boden fallen.

| | |
|---|---|
| **AUSSAAT** | geschützt, 10–12 Wochen vor dem letzten Frost |
| **WINTERHÄRTE** | winterfest |
| **LICHT** | sonnig bis halbschattig |
| **BODEN** | feucht, durchlässig |
| **WASSER** | regelmäßig wässern |

***Tipp:*** *Pflanze den süßlich duftenden Virginischen Tabak neben dein Gemüse, um Insekten anzulocken, oder nutze ihn, um Farbe in dein Blumenbeet zu bringen.*

# Chinesischer Blauregen

*Wisteria sinensis*

**Der Chinesische Blauregen, auch als Glyzinie bekannt, ist eine charakteristische, holzige Kletterpflanze mit gewundenen Stämmen und üppigen lila, rosa oder weißen herabhängenden Blütentrauben. Er blüht im Frühjahr, bietet reichlich Futter für bestäubende Insekten und ist ein spektakulärer Anblick.**

## DAS SAATGUT GEWINNEN

Lasse die Blüten an der Pflanze verwelken. Ernte die großen, samtigen, bohnenförmigen Samenhülsen im Herbst, wenn sie braun und brüchig geworden sind. Die Samen können dann aus den Hülsen herausgelöst werden.

| | |
|---|---|
| **AUSSAAT** | drinnen, jederzeit |
| **WINTERHÄRTE** | winterhart ❄ |
| **LICHT** | sonnig bis halbschattig ☼ ◑ |
| **BODEN** | alle Böden |
| **WASSER** | großzügig wässern 💧 |

***Tipp:*** *Der Chinesische Blauregen benötigt viel Wasser, um anzugehen, entwickelt sich danach aber in nahezu allen Böden. Die Samenschalen sind sehr hart, daher solltest du die Samen 24 Stunden lang in Wasser einweichen, bevor du sie aussäst.*

# Schmalblättrige Studentenblume

*Tagetes tenuifolia*

**Die kleinere Verwandte der klassischen Niedrigen Studentenblume bildet buschige Bälle aus, die mit winzigen gelben, orangen oder roten Blüten bedeckt sind. Sie sind wunderbare Begleitpflanzen, denn sie helfen, bestäubende Insekten anzulocken und halten Schädlinge fern.**

## DAS SAATGUT GEWINNEN

Schneide welke Blüten die ganze Saison über immer wieder ab, um die Blütezeit zu verlängern. Lasse aber einige von ihnen Samen ausbilden, bevor das Wetter im Herbst nass wird. Wenn sich die alten Blütenköpfe braun verfärben, lassen sich die langen, dünnen schwarzweißen Samen leicht herausziehen und können dann bis zum nächsten Jahr aufbewahrt werden.

| | |
|---|---|
| **AUSSAAT** | **geschützt, 6 Wochen vor dem letzten Frost** |
| **WINTERHÄRTE** | **empfindlich** ❄ |
| **LICHT** | **sonnig** ☼ |
| **BODEN** | **feucht, durchlässig** |
| **WASSER** | **regelmäßig wässern** 💧 |

***Tipp:*** *Auf dieselbe Weise kannst du auch die Samen aller anderen Studentenblumensorten gewinnen.*

# Rittersporn

*Delphinium* sp.

**Diese riesige mehrjährige Pflanze mit ihren hohen Blütenständen ist ein echter Blickfang im Garten. Ihre rüschenartigen Einzelblüten reichen farblich von dunkelblau bis lavendel, von rosa bis weiß.**

## DAS SAATGUT GEWINNEN

Wenn die Blüten verwelken, kommen winzige bohnenförmige Samenhülsen zum Vorschein. Diese werden mit der Zeit braun und spröde. Wenn sie aufzubrechen beginnen, kannst du die Samen ernten und bis zur nächsten Aussaat aufbewahren.

| | |
|---|---|
| **AUSSAAT** | **geschützt, im Winter oder frühen Frühjahr; oder Direktsaat, sobald keine Frostgefahr mehr besteht** |
| **WINTERHÄRTE** | **winterhart** ❄ |
| **LICHT** | **sonnig bis halbschattig** ☼ ◑ |
| **BODEN** | **feucht, durchlässig** |
| **WASSER** | **regelmäßig wässern** 💧 |

***Tipp:*** *Rittersporn wird sehr groß. Pflanze ihn an einen geschützten Ort, damit er bei starkem Wind nicht umknickt.*

# Roter Fingerhut

*Digitalis purpurea*

**Der Rote Fingerhut ist eine auffällige zweijährige Pflanze mit weichen Blättern. Im zweiten Jahr bildet er einen hohen Blütenstand mit trompetenförmigen Einzelblüten aus, bevor er abstirbt. Er sät sich leicht selbst aus und lässt sich unter vielen Standortbedingungen leicht anbauen.**

## DAS SAATGUT GEWINNEN

Wenn die Blüten verwelkt sind, bilden sich Samenkapseln aus. Warte, bis sie sich braun verfärbt haben und aufbrechen. Ernte dann die winzigen Samen über einem Gefäß.

| | |
|---|---|
| **AUSSAAT** | **Direktsaat, im späten Frühjahr** |
| **WINTERHÄRTE** | **winterhart** ❄ |
| **LICHT** | **halbschattig bis schattig** |
| **BODEN** | **feucht, durchlässig** |
| **WASSER** | **regelmäßig wässern** |

***Tipp:*** *Als Wildpflanze wächst der Rote Fingerhut vor allem an Waldrändern. Du solltest also für etwas Schatten sorgen, damit er sich bestmöglich entwickeln kann.*

# Atlantisches Hasenglöckchen

*Hyacinthoides non-scripta*

**Das Atlantische Hasenglöckchen mit seinen gebogenen Stängeln und den winzigen, dekorativen Blüten, die an Feenhüte erinnern, ist eines der schönsten Geschenke des Frühlings. Es ist kleiner und zierlicher als das Spanische Hasenglöckchen und an seinem gebogenen Wuchs erkennbar.**

## DAS SAATGUT GEWINNEN

Wenn die Blüten verwelken, kommen grüne Samenkapseln zum Vorschein, die sich papierartig braun verfärben und in denen sich eine Reihe schwarzer Samen befinden. Wenn die Samen braun sind, löse sie aus der Kapsel, indem du sie vorsichtig zwischen den Fingern reibst.

| | |
|---|---|
| **AUSSAAT** | Direktsaat, im Spätsommer oder Frühherbst |
| **WINTERHÄRTE** | winterhart |
| **LICHT** | halbschattig bis schattig |
| **BODEN** | feucht, durchlässig |
| **WASSER** | regelmäßig wässern |

***Tipp:*** *Das Atlantische Hasenglöckchen ist besonders geschützt. Ernte die Samen also nur von Hauspflanzen und grabe niemals wildwachsende Pflanzen aus.*

# Scharlach-Fuchsie

*Fuchsia magellanica*

**Die Scharlach-Fuchsie ist ein charmanter, leicht anzubauender Strauch. Ihre Blüten gleichen hunderten winzigen Ballerinas, die in Rosa-, Lila- und Weißtönen an den Zweigen tanzen.**

## DAS SAATGUT GEWINNEN

Wenn die Blüten abfallen, werden dicke lila, grüne oder schwarze Beeren sichtbar. Sobald diese Beeren weich werden, kannst du sie ernten und aufschneiden. Kratze die Samen vorsichtig heraus und versuche, sie vom Fruchtfleisch zu trennen. Lasse sie dann trocknen und bewahre sie bis zur Aussaat auf.

| | |
|---|---|
| **AUSSAAT** | **geschützt, Ende März–Mitte April** |
| **WINTERHÄRTE** | **winterhart** ❄ |
| **LICHT** | **sonnig oder halbschattig** ☼ ◑ |
| **BODEN** | **feucht, durchlässig** |
| **WASSER** | **großzügig wässern** 💧 |

***Tipp:*** *Es gibt viele Arten von Fuchsien, und sie lassen sich leicht miteinander kreuzen. Sie aus den Samen zu ziehen, kann daher ein spaßiges Abenteuer sein. Aber Achtung, wenn dir ein ganz bestimmtes Farbschema vorschwebt: Fuchsien sind nicht sehr verlässlich.*

# Erdnusskaktus

*Echinopsis chamaecereus*

**Diese bezaubernde, ungewöhnliche Pflanze fühlt sich in einer Wüste oder auf einem warmen Fensterbrett wohler als in den meisten Gärten. Dennoch macht es viel Spaß, sie aus Samen zu ziehen. Sie bildet Matten aus stachligen Kugeln, die sich zu langen, fingerartigen Stämmen mit wunderbaren, leuchtend farbigen Blüten entwickeln.**

## DAS SAATGUT GEWINNEN

Lasse die Frucht nach dem Verblühen der Pflanze voll ausreifen, bevor du sie erntest. Schneide die reife Frucht auf und löse die Samen heraus. Spüle sie mit Wasser ab und lasse sie dann trocknen.

| | |
|---|---|
| **AUSSAAT** | **drinnen, im Frühjahr** |
| **WINTERHÄRTE** | **empfindlich** |
| **LICHT** | **sonnig** |
| **BODEN** | **leicht, sehr durchlässig** |
| **WASSER** | **sparsam wässern** |

***Tipp:*** *Kaktussamen benötigen viel Wärme, um zu keimen. Säe sie daher an einem geschützten Ort aus, wo die Temperatur konstant über dem Gefrierpunkt liegt.*

# Trompetenkrug-Pflanze

*Sarracenia smoorii*

**Diese fleischfressende Pflanze mit ihren großen, geäderten, schlauchförmigen Blättern, die mit einer klebrigen Flüssigkeit gefüllt sind, ist nicht nur ungewöhnlich, sondern auch nützlich. In deinem Gewächshaus kannst du sie als natürlichen Fliegerfänger nutzen – du kannst sie aber auch als eigenwillige, interessante Ergänzung in deinem Garten anbauen.**

## DAS SAATGUT GEWINNEN

Sobald die Blüte verwelkt ist, warte, bis die Samenkapsel sich braun zu verfärben beginnt. Ernte dann die ganze Samenkapsel und hänge sie zum Trocknen an einem vor direkter Sonneneinstrahlung geschützten Ort über einem Gefäß auf, um die Samen aufzufangen. Sie fallen heraus, wenn die Kapsel komplett ausgetrocknet ist.

| | |
|---|---|
| **AUSSAAT** | **geschützt, im Herbst oder Frühwinter** |
| **WINTERHÄRTE** | **winterhart** ❄ |
| **LICHT** | **sonnig bis halbschattig** ☼ ◑ |
| **BODEN** | **feucht, morastig** |
| **WASSER** | **großzügig wässern** 💧 |

***Tipp:*** *Schlauchpflanzen sind Sumpfgewächse und benötigen daher viel Wasser. Sie können in der Nähe von Teichen oder als Zimmerpflanzen angebaut werden. Die Samen müssen 6–8 Wochen gekühlt werden, bevor sie keimen können.*

# Wald-Vergissmeinnicht

*Myosotis sylvatica*

**Diese zarte Blume mit ihren winzigen blauen Blüten und ihrem sattgrünen Laub findet sich in nahezu jedem Bauerngarten. Sie ist ein Magnet für kleine Insekten und erfordert so gut wie keine Pflege.**

## DAS SAATGUT GEWINNEN

Sobald die Blüten verwelken, bilden sich winzige, tropfenförmige Samenkapseln aus. Warte, bis diese sich braun verfärbt haben und pflücke sie dann vom Stängel. Rolle sie sachte zwischen deinen Fingern über einem Gefäß, um die Samen herauszulösen.

| | |
|---|---|
| **AUSSAAT** | **Direktsaat, wenn keine Frostgefahr mehr besteht** |
| **WINTERHÄRTE** | **winterhart** |
| **LICHT** | **halbschattig** |
| **BODEN** | **alle Böden** |
| **WASSER** | **regelmäßig wässern** |

***Tipp:*** *Das Wald-Vergissmeinnicht sät sich leicht selbst aus. Ernte die Samen also nur, wenn du sie in deinem Garten oder an einem anderen Ort aussäen willst.*

# Sternwinde

*Ipomoea lobata*

**Die Sternwinde, auch bekannt als Spanische Flagge, ist eine zarte, ungewöhnliche Kletterpflanze. In der Regel wird sie in Gemüsebeeten angebaut, um Farbe ins Beet zu bringen und bestäubende Insekten anzulocken. Ihre auffälligen schnabelförmigen Blüten, die alle in die gleiche Richtung zeigen, wachsen an langen Blütenständen. Am oberen Ende des Blütenstands sind die Blüten rot gefärbt, weiter unten verblassen sie zu Orange-, Gelb- und Weißtönen.**

## DAS SAATGUT GEWINNEN

Die Blüten hinterlassen kleine runde Kapseln. Warte, bis diese sich braun verfärben und austrocknen, dann kannst du sie aufbrechen und die darin befindlichen Samen ernten.

| | |
|---|---|
| **AUSSAAT** | drinnen, 6 Wochen vor dem letzten Frost |
| **WINTERHÄRTE** | empfindlich ❄ |
| **LICHT** | sonnig ☼ |
| **BODEN** | leicht, durchlässig |
| **WASSER** | regelmäßig wässern 💧 |

***Tipp:** Sorge dafür, dass die Sternwinde an einem Gitter, einem Bogen oder einer anderen Stützhilfe emporranken kann, bevor du sie nach draußen pflanzt. Sie wächst schnell, wenn die Temperaturen zu steigen beginnen.*

# Duftwicke

*Lathyrus odoratus*

**Die Duftwicke, auch als Duftende Platterbse bekannt, gehört in einfach jeden Garten. Die Kletterpflanze mit den zarten, schmetterlingsförmigen Blüten in pastellfarbenen Tönen ist nach ihrem intensiven Duft benannt, der eine ganz besondere Note in deinen Garten bringt.**

## DAS SAATGUT GEWINNEN

Lasse einige Blüten an den Ranken verwelken und Samenschoten ausbilden. Wenn die Schoten ausgetrocknet sind und sich braun verfärbt haben, öffne sie über einem Gefäß, um die Samen herauszulösen.

| | |
|---|---|
| **AUSSAAT** | geschützt, im Herbst, Winter oder frühen Frühjahr |
| **WINTERHÄRTE** | winterhart ❄ |
| **LICHT** | sonnig ☼ |
| **BODEN** | nährstoffreich, feucht, durchlässig |
| **WASSER** | großzügig wässern 💧 |

***Tipp:*** *Die Samen der Duftwicke besitzen harte Schalen. Weiche sie daher für 24–48 Stunden in Wasser ein, bevor du sie aussäst, um die Keimung zu beschleunigen. Schneide die verblühten Blüten im Sommer mindestens einmal pro Woche ab, um die Blütezeit zu verlängern.*

# Glockenrebe

*Cobaea scandens*

**Mit ihren zartroten Ranken und den eleganten, gefiederten Blättern ist die Glockenrebe eine attraktive Wahl für einen Garten. Ihr größter Reiz liegt in ihren großen lila, rosa oder weißen Blüten, die an Vintage-Teetässchen auf kleinen grünen Untertassen erinnern.**

## DAS SAATGUT GEWINNEN

Die Glockenrebe produziert große traubenförmige Samenkapseln. Warte, bis diese getrocknet sind, dann kannst du sie aufbrechen und die großen flachen Samen darin herauslösen.

| | |
|---|---|
| **AUSSAAT** | drinnen, 8–10 Wochen vor dem letzten Frost |
| **WINTERHÄRTE** | empfindlich |
| **LICHT** | sonnig |
| **BODEN** | nährstoffreich, feucht, durchlässig |
| **WASSER** | regelmäßig wässern |

***Tipp:*** *Die Glockenrebe benötigt viel Platz und eine Rankhilfe, an der sie emporwachsen kann – sie kann sehr groß werden. An einem sonnigen Rankgitter oder -bogen bietet sie einen spektakulären Anblick.*

# Bartnelke

*Dianthus barbatus*

**Diese traditionelle Gartenblume hat duftende Blüten und Kronblätter in verschiedenen Farbkombinationen aus rosa, weiß und rot. Sie ist eine großartige Schnittblume und ein fröhlicher Blickfang im Garten.**

## DAS SAATGUT GEWINNEN

Die Bartnelke ist eine kurzlebige Staude, die erst im zweiten Jahr blüht. Nachdem die Blüten verwelkt sind und sich die Samenköpfe braun verfärbt haben, kannst du sie über ein Gefäß halten und schütteln, um die Samen aufzufangen.

| | |
|---|---|
| **AUSSAAT** | **Direktsaat, wenn keine Frostgefahr mehr besteht** |
| **WINTERHÄRTE** | **winterhart ❄** |
| **LICHT** | **sonnig bis halbschattig** |
| **BODEN** | **feucht, durchlässig** |
| **WASSER** | **regelmäßig wässern** |

***Tipp:*** *Im ersten Jahr blüht die Bartnelke in der Regel nicht, produziert aber viele glänzend grüne Blätter.*

# Acker-Witwenblume

*Knautia arvensis*

**Die Acker-Witwenblume ist eine wunderschöne mehrjährige Pflanze, die man vielfach in freier Natur antreffen kann. Ihre kleinen lavendelfarbenen, nadelkissenartigen Blüten wiegen sich an der Spitze langer schlanker Stängel im Wind. Die bei Vögeln und Schmetterlingen sehr beliebte Pflanze gehört in alle Blühstreifen und Wiesen.**

## DAS SAATGUT GEWINNEN

Wenn die Blüten verwelken, kommen dekorative Samenstände zum Vorschein. Sobald diese sich braun verfärben und austrocknen, kannst du sie pflücken und zwischen deinen Fingern über einem Gefäß zerreiben, um die Samen aufzufangen.

| | |
|---|---|
| **AUSSAAT** | **Direktsaat, im Herbst oder Frühjahr** |
| **WINTERHÄRTE** | **winterhart** ❄ |
| **LICHT** | **sonnig** ☼ |
| **BODEN** | **feucht, durchlässig** |
| **WASSER** | **regelmäßig wässern** 💧 |

***Tipp:*** *Wenn du diese Blumen ohne benachbarte Pflanzen anbaust, besteht die Gefahr, dass sie umkippen. Achte also darauf, dass du sie neben anderen Gewächsen, etwa neben Gräsern, anbaust, die ihnen ein wenig Halt geben.*

# Süßdolde

*Myrrhis odorata*

**Diese mehrjährige Pflanze aus der Familie der Möhren lässt die Grenzen zwischen Zier- und essbaren Pflanzen verschwimmen. Ihre Blüten formen büschelartige weiße Dolden, die aus einem farnähnlichen Laub herauswachsen und einen süßlichen, lakritzartigen Duft verströmen. Die Blätter und die Samen der Süßdolde sind essbar. Die Blumen passen wunderbar in jeden Blühstreifen.**

## DAS SAATGUT GEWINNEN

Lasse die Blütenköpfe verwelken, dann produzieren sie hohe, spitz zulaufende Samenkapseln. Bevor diese sich braun verfärben, schneide den gesamten Stängel ab und hänge ihn, geschützt vor direkter Sonneneinstrahlung, über ein Gefäß oder in einen Beutel. So kannst du die Samen auffangen, wenn sie herausfallen.

| | |
|---|---|
| **AUSSAAT** | Direktsaat, im Herbst |
| **WINTERHÄRTE** | winterhart |
| **LICHT** | halbschattig bis schattig |
| **BODEN** | feucht, durchlässig |
| **WASSER** | regelmäßig wässern |

***Tipp:*** *Die Blätter und die Samen der Süßdolde eignen sich als Salatbeigabe, zum Kochen oder für die Zubereitung von Kräutertees und Cocktails als Ersatz für Sternanis oder Fenchel.*

# Marokkanisches Leinkraut

*Linaria maroccana*

**Wenn du dich für verzauberte Bergschluchten und märchenhafte Wiesen begeisterst, ist das marokkanische Leinkraut genau die richtige Pflanze für dich. Dieses kleine Gewächs kommt in verschiedenen leuchtenden und pastellfarbenen Tönen vor und bringt einen Hauch Magie in deinen Garten.**

## DAS SAATGUT GEWINNEN

Sobald die Blüten verwelkt sind, kommen kleine Samenkapseln zum Vorschein. Beobachte sie sorgsam und ernte die winzigen Samen über einem Gefäß, bevor die Kapseln aufplatzen und die Samen auf den Boden fallen.

| | |
|---|---|
| AUSSAAT | Direktsaat, Anfang Mai–Anfang Juli |
| WINTERHÄRTE | winterhart ❄ |
| LICHT | sonnig bis halbschattig |
| BODEN | feucht, durchlässig |
| WASSER | regelmäßig wässern |

***Tipp:*** *Da die Samen sehr fein sind, solltest du sie nicht bedecken, sondern sie stattdessen in etwas Anzuchterde legen oder den Boden leicht aufharken, bevor du sie aussäst. Halte den Boden während der Keimung feucht.*

# Große Wachsblume

*Cerinthe major*

**Die Große Wachsblume mit ihren dunkelvioletten Blüten und ihren üppigen, wächsernen Blättern, auf denen die Regentropfen in der Sonne glitzern, ist ein schöner Anblick im Garten. Die elegant herunterhängenden Blütenkelche entwickeln sich aus einem ährenartigen Blütenstand.**

## DAS SAATGUT GEWINNEN

Die Blüten bilden sich aus den Deckblättern der Pflanze. Nachdem eine Blüte abgefallen ist, entwickeln sich grünlich-gelbe Samen. Wenn diese sich schwarz verfärbt haben, kannst du sie ernten (widerstehe dem Drang, sie zu ernten, bevor sie schwarz sind!). Die Blüten entwickeln sich sukzessive, daher musst du immer wieder zu der Pflanze zurückkehren, um die Samen zu ernten.

| | |
|---|---|
| **AUSSAAT** | **geschützt, 6 Wochen vor dem letzten Frost** |
| **WINTERHÄRTE** | **winterfest** |
| **LICHT** | **sonnig bis halbschattig** |
| **BODEN** | **nährstoffreich, feucht, durchlässig** |
| **WASSER** | **regelmäßig wässern** |

***Tipp:*** *Die Große Wachsblume ist eine mehrjährige Pflanze, aber ihre Wurzeln vertragen keinen Frost. Daher solltest du sie wie eine einjährige Pflanze behandeln und die Samen jedes Jahr ernten und im Frühjahr wieder aussäen.*

TÜTCHEN